蟹老闆的「[illegible]」

「原創產品」好食譜

甜點教室

蟹老闆
謝岳恩
著

U0033600

謝岳恩「蟹老闆」

今年是踏入烘焙業的第二十二個年頭，很幸運在年少時接觸了「西點烘焙」這個行業。從搬整袋麵粉的學徒開始，到勝任師傅，到現在專職西點的烘焙講師，這行業基本是靠雙手把每件工作、每個作品做到完善。一直以來戰戰兢兢，用自己的方法做到在別人眼中看來輕而易舉，但蟹老闆需要很費力才能完成的事；比如雙手同時抬高拉烤盤出爐、比如單手支撐烤盤與攪拌缸、比如雙手放頭頂比愛心，甚至雙手插腰，這都要雙手協調才能順利就定位。不說的話，應該沒有人會發現我的不同。是的～蟹老闆在還沒領身份證前，就先因左手而領到關懷手冊了。出生時左手因醫生過度拉扯，導致神經斷裂，醫院判定未來蟹老闆的左手無法負重、無法靈活運用、無法舉高、無法任意轉動，自主舉高只能到達 45 度，是真的只能到 45 度。

常笑說「既然無法雙手舉高投降，那就勇敢往前吧！」。從此開始了右手為主，左手為輔，試著找出平衡的生活模式。從小到大接觸到最精彩、最有興趣的兩件事，一件是撞球，另一件是烘焙。因為不想和別人不同，好幾次因少爺左手的不給力，小小氣餒失落了一下，但很快的心裡清楚，先天比別人少一些能力，後天就要比別人多一份努力。在撞球界創造屬於自己獨特的姿勢，小時候也曾參與多場大型賽事。而在教學路上，雖然過程中因為肢體的不便，雙手很輕易的留下了比別人更多的烙印痕跡，但對於能順利完成每堂課，讓每位來上課的同學都能有所收獲，並帶著滿意的笑容回家，是蟹老闆對於「老師」這稱呼的負責及堅持。當同學熱情的跟我分享成品無雷超好吃，或是在家手做成功的種種喜悅回饋，都帶給我無限強大的能量，是令我往前邁進的最大動力。

一路走來真心覺得自己非常幸運，有這麼多貴人幫助，得到這麼多人的疼愛與支持，今天才能有機會出這本書跟大家分享。對「出書」這件事，秉持蟹老闆的做事原則「無雷、詳細、堅持完善」，從確定要出書那一刻開始，立即從私藏的食譜中，著手品項的設定與篩選。選定後，再逐一進行成品打樣。日日夜夜反覆試做，調整最佳比例口感，當每一個品項皆經測試，達完善且完美後，才會確定收錄書中，是蟹老闆對讀者堅持無雷的承諾。本書完整收錄四十二道無雷美味甜點。無論你要準備家中常備點心，或宴客聚會的精緻甜點，年節送禮、甚至接單販售，都能滿足你 / 妳的多方需求。創新的「蟹式操作手法」詳細、清楚、操作化繁為簡、超高成功率，不僅能讓烘焙新手輕鬆駕馭好上手，本書更能讓烘焙經驗豐富的人們，練功挑戰，讓功力更上一層樓。相信本書會成為你 / 妳未來最常翻閱製作，陪伴您進階練功的一本幸福魔法甜點書。

正向態度，最佳學習教材

謝老師當學徒生涯有著特殊的際遇與挑戰，勇於面對學習環境，勤於精進專業技術，這樣的經驗讓謝老師深知學習技能的務實重要，面對在學習烘焙可能遭受挫折、對未來茫然不知所措的新手，必須付出更多的心力重建新手自我價值、找回自信。謝老師從自己的學習過程中汲取經驗，不斷地鼓勵，讓新手瞭解烘焙技能是「進可攻、退可守」的人生另一條出路。藉由無雷技法帶領大家，建立大家自信，讓大家明白只要肯努力、願學習、能吃苦，不管走什麼樣的路，都有獲得成功的一天。

謝老師擔任各大烘焙教室以來，無論產品、教學態度各方面表現出色，獲得各教室學生肯定。而謝老師長期犧牲假日開發產品，以過來人身份發揮愛心與耐心鼓勵並協助新手學生學習一技之長，力爭上游證明自己的價值，績效與成果卓著。

福市企業有限公司

董事長 張大陸

真心溫暖的記憶，
烘焙美味，熱忱盡心的分享烘焙技能

每位烘焙師傅都有自己對於產品的堅持，謝岳恩師傅更是在堅持中，無私分享出獨一無二的蟹老闆無雷配方、無雷操作流程，讓大家可以沉浸在學習烘焙的成就感。

學無止盡，特別是做烘焙這一行，岳恩師傅知道謙虛的重要，才能從旁吸收更多自己所不知道的奧妙。從業界轉進教學現場，更能為烘焙技能的傳承盡一份心力，非常高興他著作一本以家庭式、可操作為主軸的烘焙甜點書，用心將自己多年經驗轉化為一本好書，祝福他未來能更上一層樓，分享更多無雷點心。

苗栗縣私立君毅高級中學

校長 

初次與謝老師相遇，覺得謝老師是一位很沉默又安靜的人，但看著謝老師在上課時與學員們的互動都非常歡樂精彩。透過觀察，我發現謝老師在帶領學員們上課時，操作課程中的品項自有一套「蟹式系統」。

品項的製作流程與編排設計，規劃的讓學員們易學、易懂、好操作，使同學們在課程中不知不覺加深對原理的理解。能設計到既容易理解，又好上手，這就不是一般老師做得到的，只有真正把品項「吃透」，且設身處地的傾聽同學們的聲音，在此基礎上做改良，只有這樣的老師才能做到。有這樣一份強大的心意加持，也讓謝老師的鐵粉一直支持著，而且鐵粉也越來越多。

本書是謝老師的武功祕笈大公開，《蟹老闆的「無雷」甜點教室》相信非常值得收藏！讓讀者們在家也可以很輕鬆的製作出「無雷」的溫馨幸福甜點。

麵包職人

陳志峰

Contents

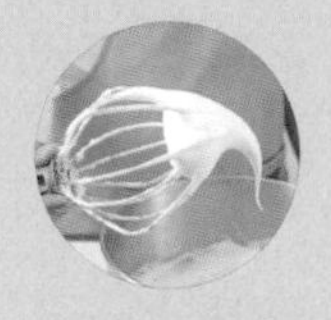

Part 1 一定要知道的小技法

Part 2 精心午茶無雷甜點

Part 3 獨領風潮蟹式風格

Part 4 無框架主廚之作

Part 5 簡單極致美味

Part 6 吃貨必做人氣商品

PART 1

一定要知道的小技法

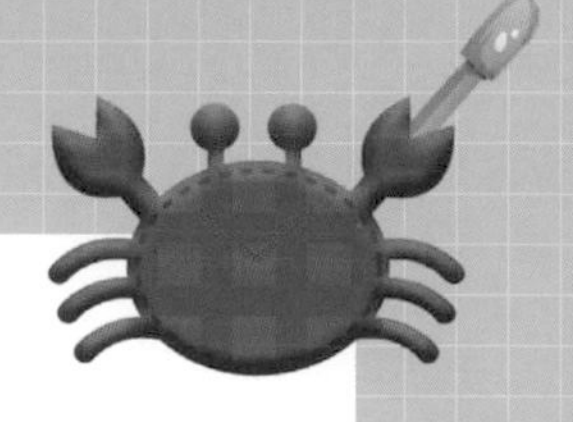

「吉利丁片」使用需知

1 鋼盆倒入少許冰塊。

★ 吉利丁片需「軟化」才可使用，注意要使用飲用冰水（或冰塊水），使用常溫水會導致吉利丁片融化，影響凝結性。

2 注入飲用冰水，水量約鋼盆的一半。

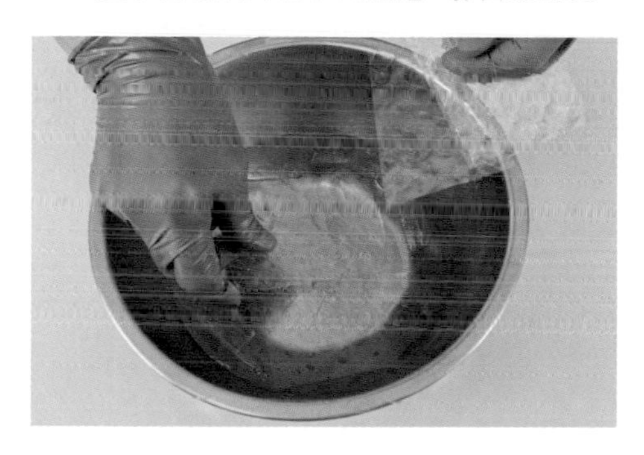

3 吉利丁片一片一片泡入冰水，泡入一片後，再放入下一片。

4 需避免直接放入整疊浸泡，疊著泡，中間的吉利丁片會泡不開。

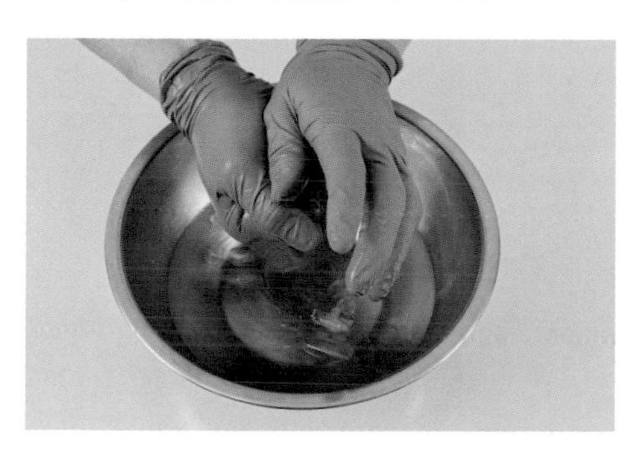

5 泡約 3~5 分鐘，確認每片泡軟後，擠乾水分即可使用。

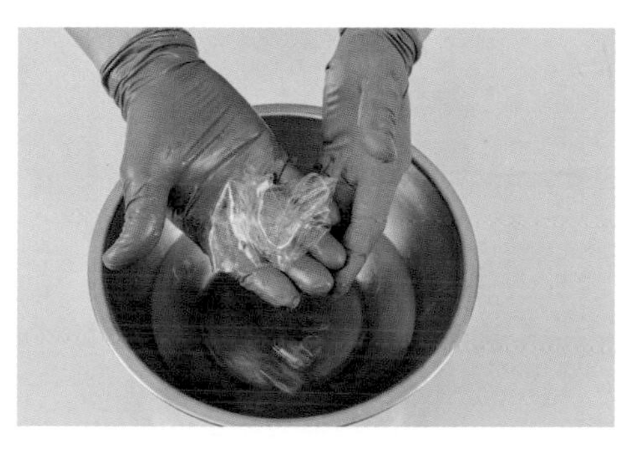

6 ★ 泡開擠乾的吉利丁片使用溫度約為 60~70°C，溫度太低融化不了，溫度太高會破壞吉利丁的凝結性。

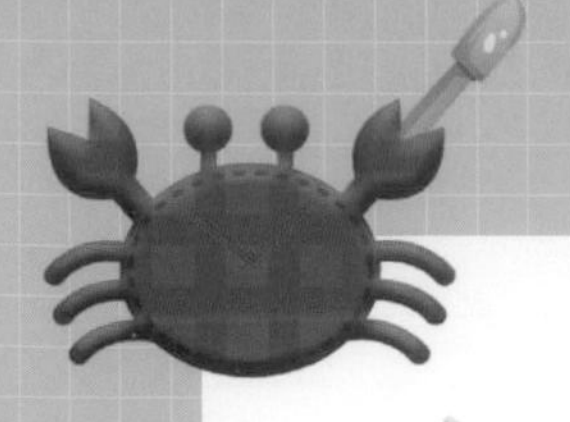

「蟹式攪拌手法」一次性的攪拌方式

混合蛋白霜與蛋黃糊時，有時會遇到殘留少許蛋白霜，無法拌均的窘境，這是因為「打發的蛋白霜」一旦遇到空氣就會慢慢變乾。一般作法是先倒入 1/3 蛋白霜與蛋黃糊拌勻，再倒回剩餘的蛋白霜混合。而「不均勻」正是這剩下的變乾蛋白霜在作祟。很多人會因為沒有辦法完全均勻蛋白霜就一直猛攪拌，拌到最後麵糊變得稀稀水水，成了俗稱的「消泡狀態（過度攪拌，使蛋白霜打入的空氣流失）」。用消泡的麵糊烘烤出來的蛋糕體口感噎喉、扎實，沒有蓬鬆度。

自創「蟹式攪拌手法」，只要改變手法慣性，人人都可以成功獲得完美麵糊。將蛋白霜一次性倒入蛋黃糊中（一次性倒入全部，避免蛋白霜變乾），使用打蛋器以畫圓方式粗略拌勻（不須完全均勻，蛋白霜消失不見即可），再換上刮刀，刮刀需完全服貼著鋼盆，從 4 點鐘方向往 10 點鐘方向，由邊緣底部往上撈（隨著每一次攪拌，連動逆時針地轉動鋼盆），完全均勻即可入模。輕輕鬆鬆，在最短時間內完成麵糊。

「蛋白霜打發」階段說明

隨著打入空氣的多寡，蛋白霜會呈現不同的樣貌。

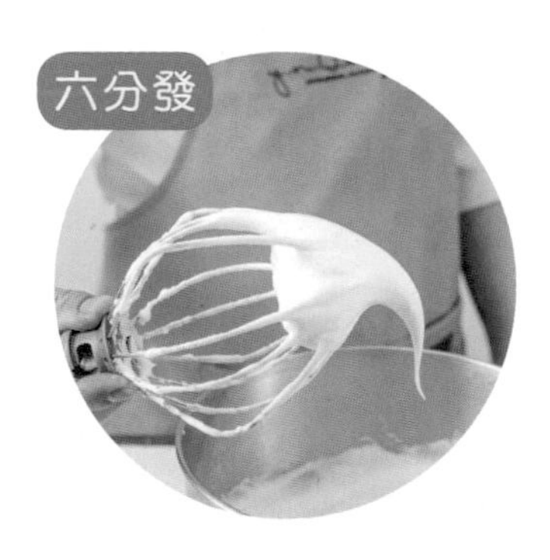

球狀平拿時，蛋白霜尖端會形成一個大大的彎勾，落在 6 點半鐘方向。

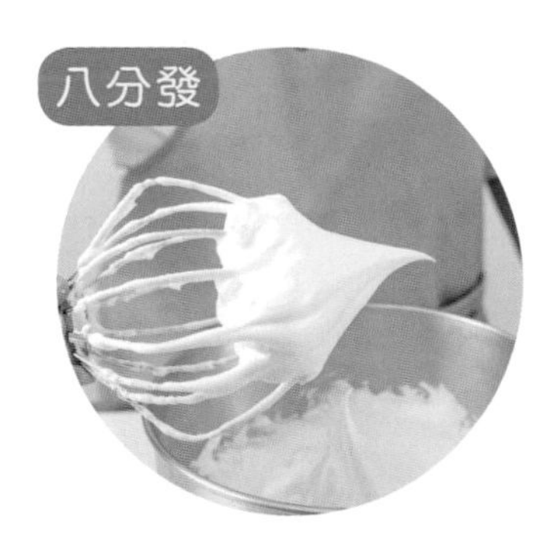

球狀平拿時，蛋白霜尖端堅挺，略往下，落點在 8 點鐘方向。

此時拿起，蛋白霜不會下垂，表面較乾無濕潤感。

「義式甜奶油」製作

保存方式｜常溫 7 天，冷藏 30 天，常溫回溫即可運用

義大利蛋白霜		g
A	細砂糖	35
	飲用水	9
	新鮮蛋白	63

北海道奶油	g
19 號無鹽發酵奶油	225
北海道煉奶	22

★ 發酵無鹽奶油軟化至 30~32°C。

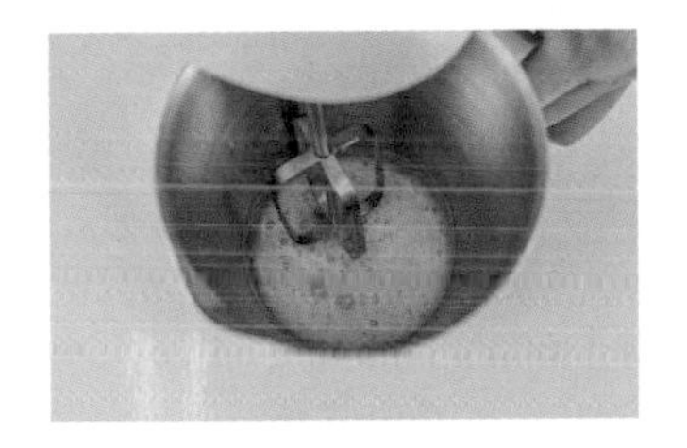

1 義大利蛋白霜：新鮮蛋白以球狀攪拌器快速打至起泡，溫度維持在 20°C 以上。

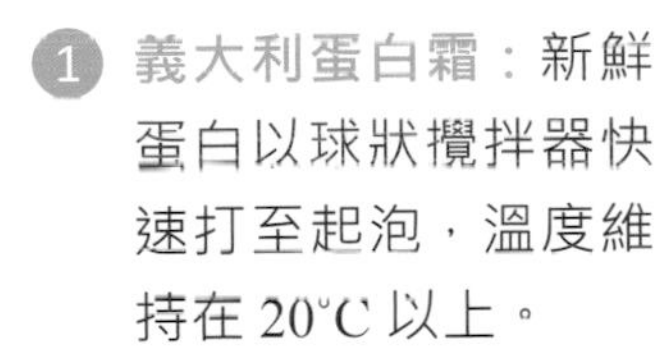

★ 溫度太低，沖入糖漿時材料會呈結霜狀態。

2 加入煮到 118°C 的材料 A，邊倒入邊攪拌，中速拌勻。

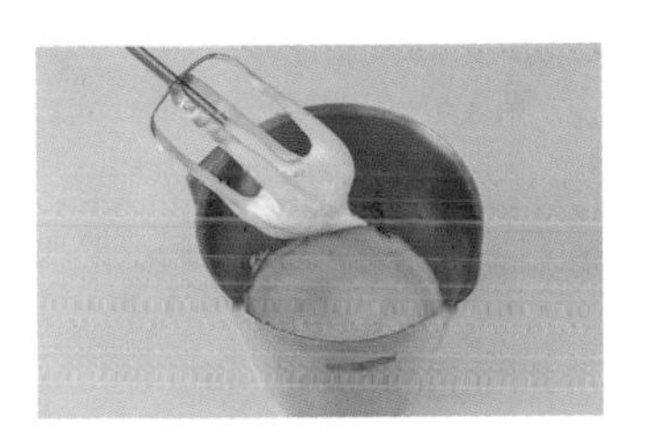

3 拌至常溫，溫度約 30~32°C。

4 北海道奶油：發酵無鹽奶油、煉奶，以球狀攪拌器中速打至全發。

5 取部分北海道奶油加入義大利蛋白霜中，略拌。

6 再加入剩餘北海道奶油拌勻完成。

工具一覽

• 硬刮板
• 軟刮板
• 20×20 公分深烤盤 編號 SN1128
耐熱刮刀 •
打蛋器 •
• 烤盤長 42.8 × 寬 33 × 高 3.5 公分
• 孔洞透氣矽膠墊
• 抹刀
• 擠花袋
• 烘焙布
細篩網 •
• 烘焙紙
• 白報紙
半斤袋 •
• 擀麵棍
• 雪平鍋
• 鋼盆

• 瑪芬 6 連模
編號 508 保利杯 •
透明布丁杯 GD6061 •
• 編號 511（中）布丁杯
• 24 孔迷你不沾蛋糕模
• 船型菊花模
編號：SN61615
花嘴 SN7033 •
• 橢圓菊花模
編號：SN61725
花嘴 SN7083 •
菊花模直徑 5 公分 •
編號：SN3824
羅蜜亞花嘴 •
• 小石頭
• 花嘴 SN7065
• 菊花模直徑 6.8 公分
編號：SN3828
• 錫箔品
編號：211、204
油力士紙杯 •
47mm×37mm 白色
• 6 吋固定模
油力士紙杯 •
52mm×30mm 咖啡色

材料一覽
LA TRADITION FRANÇAISE
• VIRON T55 麵粉
• 不反潮酥脆餅乾粉
• 杏仁粉
• 細砂糖
• 純糖粉
85% 水麥芽 •
• 蜂蜜
• 鹽
• 低筋麵粉
• 海藻糖
• 高筋麵粉
• 上白糖
• VIRON T45 麵粉

巧克力鮮奶
動物性鮮奶油
全脂鮮奶
19 號無鹽發酵奶油
蛋黃
蛋白
紅牛奶粉
北海道煉奶
33.6% 調溫牛奶巧克力鈕扣
吉利丁片
奶油乳酪
耐烘焙黑巧克力豆
28% 絲絨純白巧克力鈕扣
高級牛奶巧克力（鈕扣型）
70.5% 調溫苦甜巧克力鈕扣

PART 2

精心午茶
無雷甜點

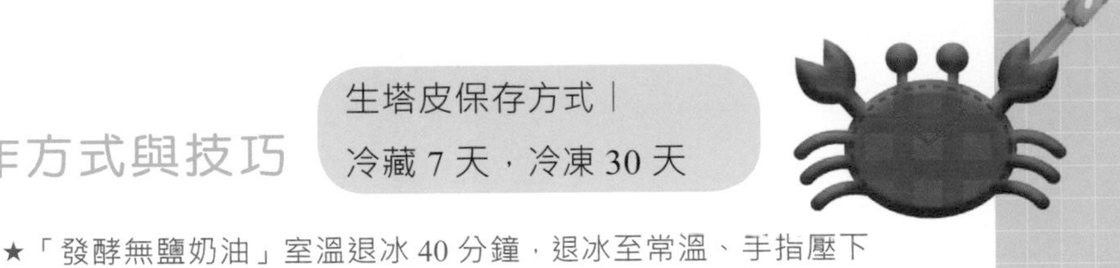

「塔皮」的製作方式與技巧

生塔皮保存方式｜
冷藏 7 天，冷凍 30 天

材料	g
發酵無鹽奶油	216
細砂糖	92
海藻糖	36
全蛋液	36
低筋麵粉（過篩）	310

★「發酵無鹽奶油」室溫退冰 40 分鐘，退冰至常溫、手指壓下可輕鬆留下指痕之程度。

★細砂糖、海藻糖使用前可預先混合，使材料鬆散不結顆粒。

★使用時須把「全蛋液」退冰至室溫（約 30~32°C），避免與奶油溫度落差太大。

★低筋麵粉使用前務必過篩。

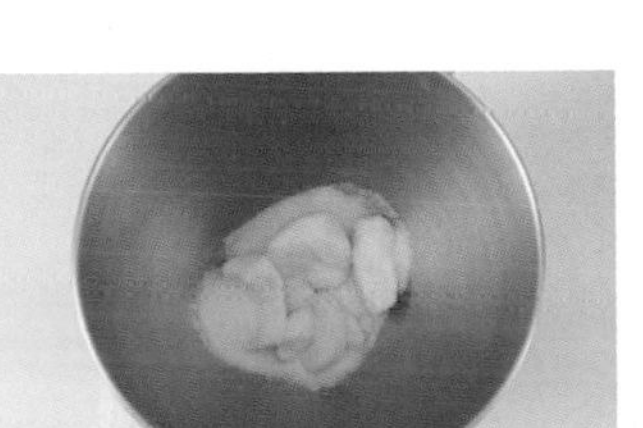
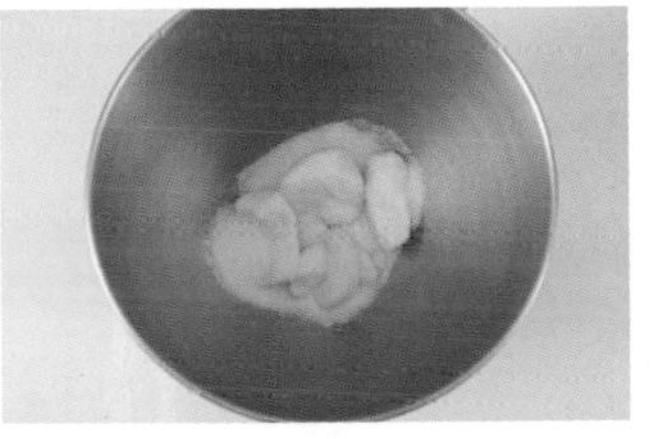

1. 乾淨攪拌缸加入室溫軟化的發酵無鹽奶油、細砂糖、海藻糖。

2. 以槳狀攪拌器中速打至微微泛白。

★每項加入的材料，中途可適當停機，將材料沿著缸壁刮下。

3. 分兩次加入室溫的全蛋液，中速拌勻。

★加入前確認液體材料是否完全均勻（與缸內材料充分混合，不可油水分離），均勻才可加入第二次全蛋液。

4. 加入過篩低筋麵粉，慢速拌勻成團狀。

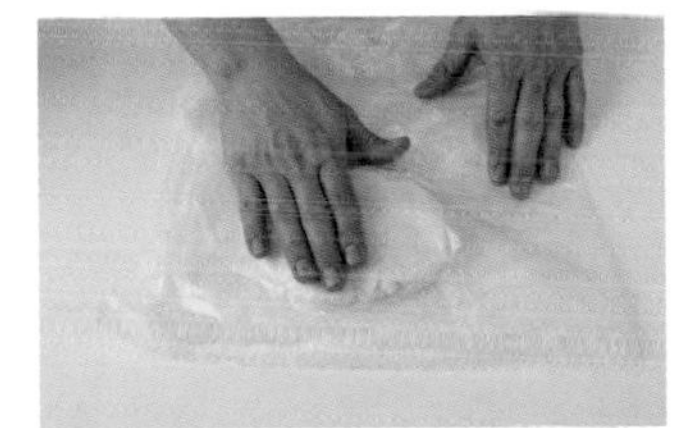
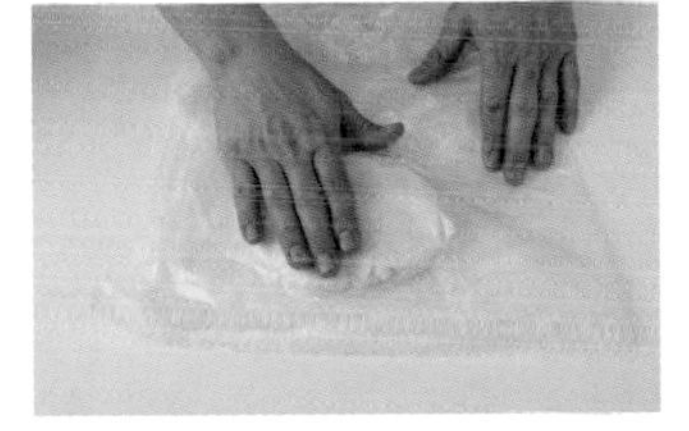

5. 半斤袋裝入塔皮，輕輕拍開。

6. 擀麵棍擀長 20 × 寬 20 公分，冷藏鬆弛 60 分鐘，冷凍 30 分鐘。

7. 確認麵團凍至微硬，切開袋子，取出麵團。

8. 可作各種應用！可以整片拿去烘烤，若要塑形成其他形狀，建議使用前將麵團粗略切成小丁狀。

9. 雙手揉合成團。使麵團「軟硬一致」，Q韌好塑形的萬用塔皮就完成囉。

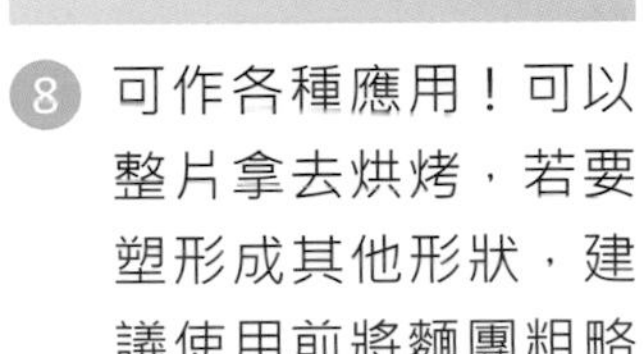

★用手整形塔皮，雙手務必沾取適量手粉（高筋麵粉）。將塔皮揉合至表面有「霧面」質感，呈「亮面」就錯了，表面泛光代表塔皮出油，出油代表變質了，會影響烘烤出來的酥脆度，口感較不酥脆。

★塔皮捏製的時候，如果用鋁箔塔盒，建議套三個做整形，盒子本身比較不容易變形。

No.1

橙香核娜

核桃、橘香皮與熬煮後的焦糖液混合。核桃中和焦糖的整體甜膩感，讓口感更豐富；橘香皮則令食材多一個柑橘調香氣。整道產品有核桃的脆、橘香皮的柑橘香、焦糖的甜、雙層塔皮的酥脆，唇齒的香與鼻翼的芬芳，口感與味覺三重享受。這是一款能讓你吃過還想再吃的絕妙甜點，保證「肖賀甲（超好吃）」！

示範影片

數量｜長 6.3 寬 × 3 公分（共切 18 塊）　模具｜ 20×20 公分固定模（SN1128）
保存方式｜常溫 14 天，冷凍 60 天（回溫即可食用）

焦糖餡 (g)

A	細砂糖	120
	85% 水麥芽	55
B	動物性鮮奶油	138
	蜂蜜	23
	發酵無鹽奶油	26
	1/2 熟核桃	286
	橘香皮	23

塔皮（分割 340g）(g)

	發酵無鹽奶油	216
C	細砂糖	92
	海藻糖	36
	全蛋液	36
	低筋麵粉（過篩）	310

裝飾 (g)

奶水	15

作法

1 前置：完整核桃剝半，以上下火 150°C 烤 15 分鐘，取出，放入乾鍋翻炒，再放入烤盤，設定上下火 150°C 烘烤 5 分鐘，烤成熟核桃備用。

2 橘香皮洗淨瀝乾，再用乾布擰乾（越乾越好），切丁。固定模放一張 20×20 公分烘焙紙（用來鋪底）。依據模型裁切 30×30 公分烘焙紙（烘烤時用來隔絕石頭）。

3 塔皮：參考 P.17 作法 4，完成塔皮麵團備用。

4 麵團分割 340g，放入半斤袋，擀長 20 × 寬 20 × 厚 0.6 公分，冷藏定型（共完成兩份塔皮麵團）。

5 確認麵團冰硬定型後，取出一份麵團，割開半斤袋，將麵團放入作法 2 固定模鋪底。

▼

6 叉子間距相等均勻戳洞，放入裁切好的烘焙紙（30×30公分，剪四個邊角），放入石頭。

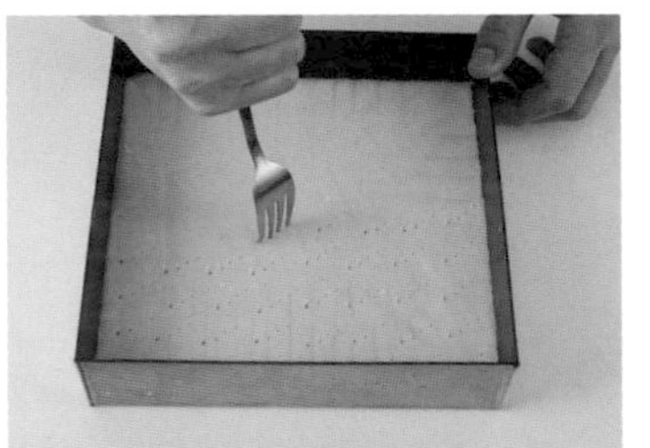

7 送入預熱好的烤箱，以上下火 180˚C 烤 14 分鐘。取出石頭，再以上火 180˚C / 下火 0˚C 烤至微上色（約 12 分鐘），即成半熟塔皮。

★ 此階段會有兩份塔皮。一份為半熟塔皮（參照作法 7），另一份尚在冷藏中（參照作法 4）。

8 **焦糖餡**：1/2 熟核桃、橘香皮放入烤箱，設定上下火 120˚C 保溫，備用。

9 乾淨鋼盆放入材料 B，中小火煮至 60~80˚C。

★ 煮製期間可時不時拌一下，避免燒焦。

10 乾淨雪平鍋放入材料 A，小火煮至面積達 70% 焦化，用耐熱刮刀攪拌均勻，關火。

★ 煮製期間不攪拌，如果感覺快燒焦了，可以稍微晃動鍋子。

▲ **面積達 70% 焦化**

11 加入材料 B 再次開小火拌勻，煮至無糖塊（約 1 分鐘），邊煮邊攪拌。

⑫ 加入作法 8 保溫的 1/2 熟核桃、橘香皮拌勻，靜置降溫至 40℃（或在底部墊冰水，幫助降溫）。

⑬ 組合：倒入作法 7 半熟塔皮，用刮刀壓平，再蓋上冷藏備用的塔皮。

▼

⑭ 表面刷奶水，用叉子劃出線條痕跡。

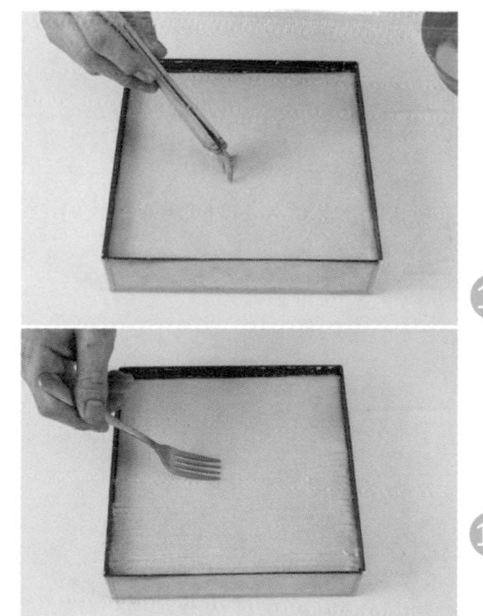

⑮ 送入預熱好的烤箱，以上火 210℃ / 下火 0℃，底部加一個烤盤，烤 15 分鐘。轉向，再以上下火 0℃ 烤 35~40 分鐘，燜熟。

▼

⑯ 出爐，刀子切入邊緣分離模具與食材。趁微溫，再取一張乾淨烘焙紙蓋住成品，用板子翻面（此時背面朝上），撕掉烘焙紙。

⑰ 再取一張乾淨烘焙紙，用板子翻面（此時正面朝上），取下烘焙紙。

⑱ 用麵包刀進行裁切，切長 6.3×寬 3 公分，共切 18 塊，完成。

No.2

芯晴杏仁酥

要用什麼做引，勾勒杏仁的香氣？「最好是香甜的，淡淡的滋味吧？」、「不能太過搶眼，但也不能毫無存在感」、「風味強度要次於杏仁一級，但可以帶出杏仁本身的風味」。於是便誕生了這款，外表不炫目繽紛卻樸實可口的杏仁酥。

把塔皮當做香酥的奶油餅乾，填入杏仁片糖心餡，再次經過回烤，甫一出爐便香飄滿街。「芯晴杏仁酥」讓初學者輕鬆駕馭沒煩惱，口感酥脆甜度適中嘟嘟好。

數量｜長 6.5 × 寬 3.8 公分（共切 15 塊） 模具｜長 20 × 寬 20 公分固定模（SN1128）
保存方式｜常溫 14 天，冷凍 60 天（回溫即可食用）

塔皮  

	材料	g
A	發酵無鹽奶油	108
	細砂糖	92
	海藻糖	36
	全蛋液	36
	低筋麵粉（過篩）	155

杏仁片糖心餡 g

	材料	g
B	動物性鮮奶油	24
	蜂蜜	24
	細砂糖	30
	發酵無鹽奶油	48
	杏仁薄片	120

作法

1. 前置：固定模放一張 20×20 公分烘焙紙（用來鋪底）。依據模型裁切 30×30 公分烘焙紙（烘烤時用來隔絕石頭）。

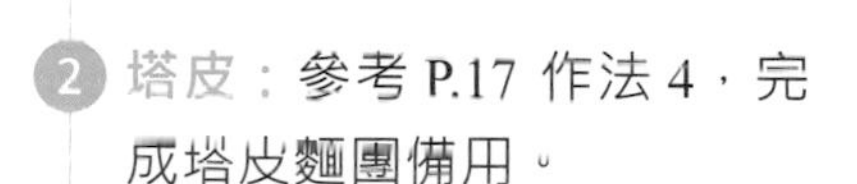

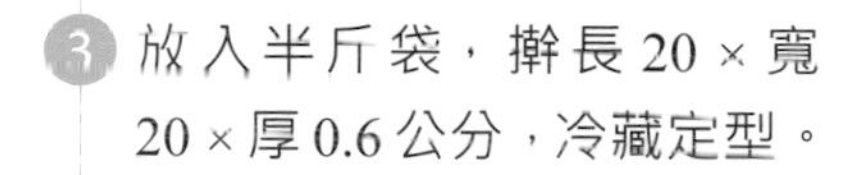

2. 塔皮：參考 P.17 作法 4，完成塔皮麵團備用。
3. 放入半斤袋，擀長 20 × 寬 20 × 厚 0.6 公分，冷藏定型。

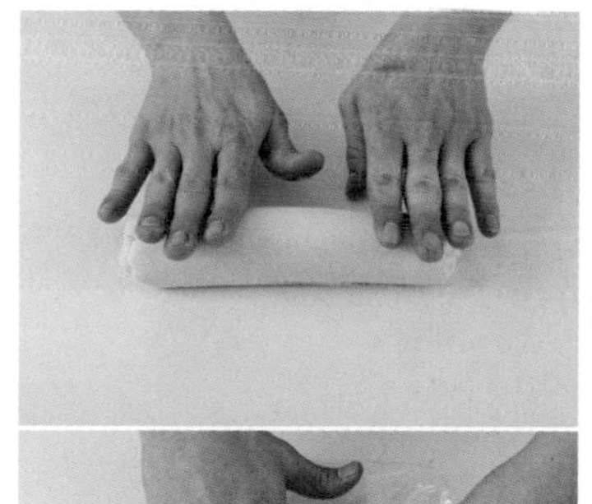

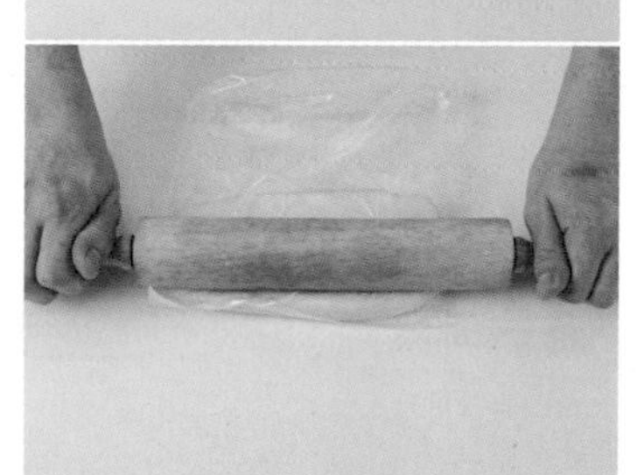

4. 確認麵團冰硬定型後，取出麵團，割開半斤袋，將麵團放入作法 1 固定模鋪底。

5. 叉子間距相等均勻戳洞，放入裁切好的烘焙紙，放入石頭。

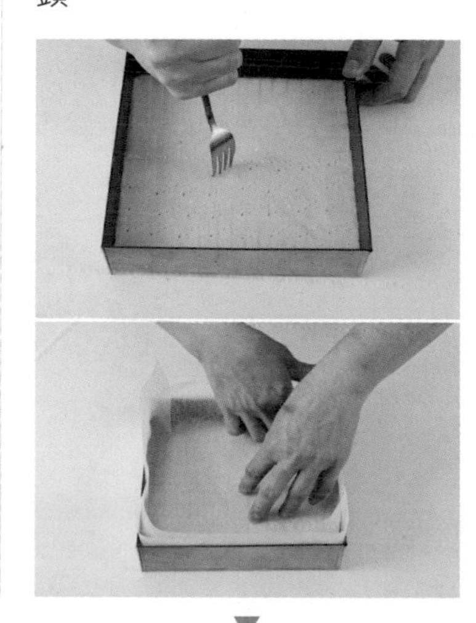

⑥ 送入預熱好的烤箱，以上下火 180˚C 烤 14 分鐘。取出石頭，再以上火 180˚C / 下火 0˚C 烤至微上色（約 12 分鐘），即成半熟塔皮。

⑦ 杏仁片糖心餡：乾淨雪平鍋放入材料 B，以小火融化均勻。

⑧ 加入發酵無鹽奶油，煮至黏稠狀態，溫度達 113˚C（琥珀色）。

⑨ 關火，加入杏仁薄片拌均。

⑩ 組合：倒入作法 6 半熟塔皮，用耐熱刮刀壓平。

11 送入預熱好的烤箱，以上火 160°C / 下火 100°C，烤 15~20 分鐘。

12 出爐，刀子切入邊緣分離模具與食材。趁微溫，再取一張乾淨烘焙紙蓋住成品，用板子翻面（此時底部朝上），撕掉烘焙紙。

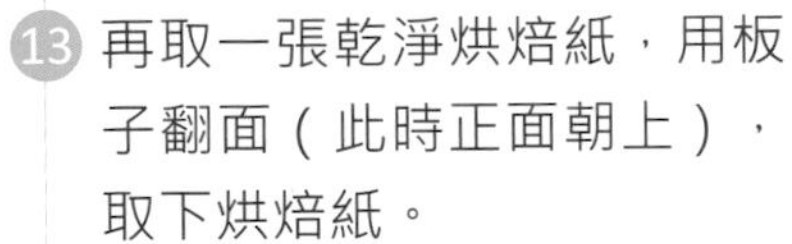

13 再取一張乾淨烘焙紙，用板子翻面（此時正面朝上），取下烘焙紙。

14 麵包刀先輕壓做記號，再切長 6.5 × 寬 3.8 公分，共切 15 塊，完成。

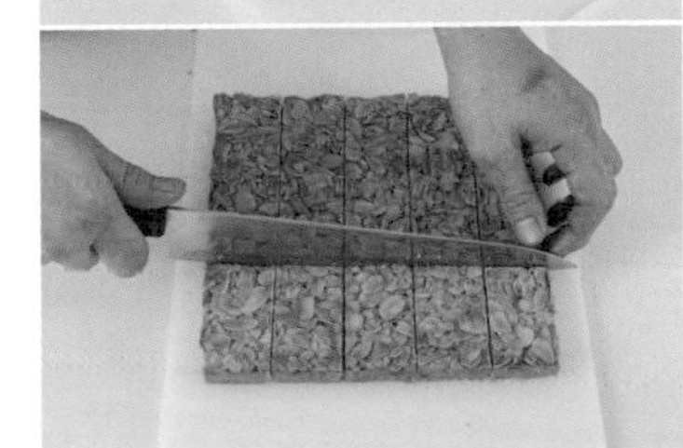

No.3

南瓜籽焦糖船

獨特的操作手法讓塔皮更有可塑性。把塔皮烤至酥脆口感，放入滿滿的南瓜籽糖心餡，南瓜籽獨特的口感風味，配上甜而不膩的焦糖，酥脆的塔皮。

「我莫約可以吃掉 5 船南瓜籽焦糖船吧。」

「如果不是考慮其他人要吃的話，或許可以吃掉更多？」

數量｜8 個　　模具｜SN61615 船型菊花模

保存方式｜常溫 14 天，冷凍 60 天（回溫即可食用）

塔皮（分割 20g）　g

A	發酵無鹽奶油	52
	細砂糖	22
	海藻糖	8
	全蛋液	8
	低筋麵粉（過篩）	74

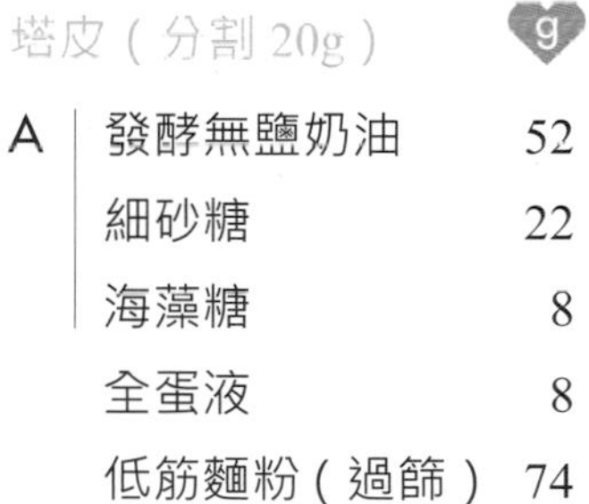

南瓜籽糖心餡（填充 20g）　g

B	細砂糖	20
	動物性鮮奶油	20
	85% 水麥芽	9
	蜂蜜	25
	發酵無鹽奶油	40
	烤熟南瓜籽	100

作法

1. 前置：生南瓜籽以上下火 150°C 烤 15 分鐘。轉向進行翻炒，再烤 5~10 分鐘備用（即成烤熟南瓜籽）。

2. 依據模型裁切 10×10 公分烘焙紙（烘烤時用來隔絕石頭）。

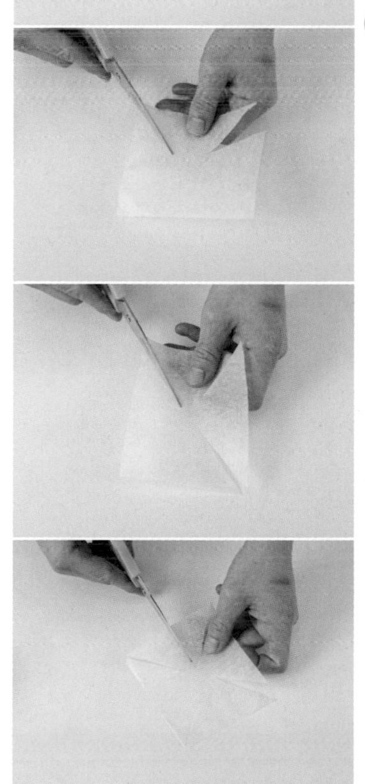

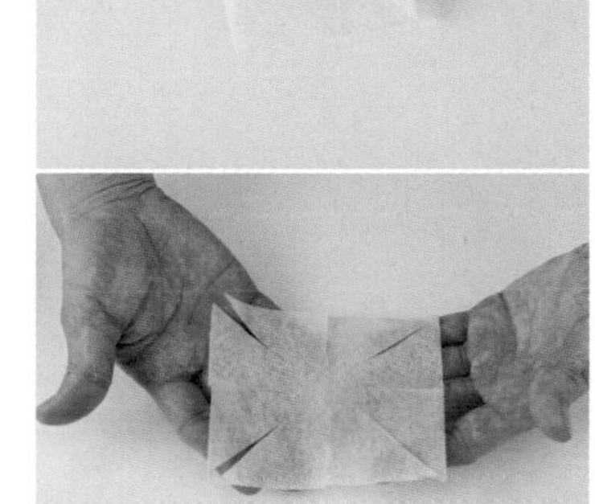

3. 塔皮：參考 P.17 作法 7，完成塔皮麵團備用。

4. 麵團略切碎，雙手壓合成團，分割 20g 略搓長條。

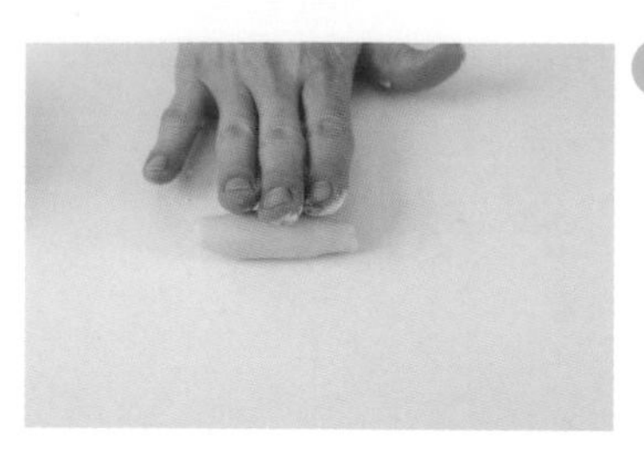

5 麵團放入船型菊花模，手指沾適量手粉（高筋麵粉）捏滿模。

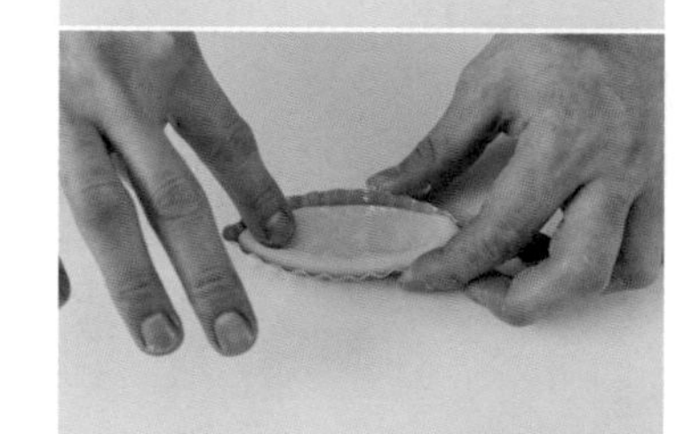

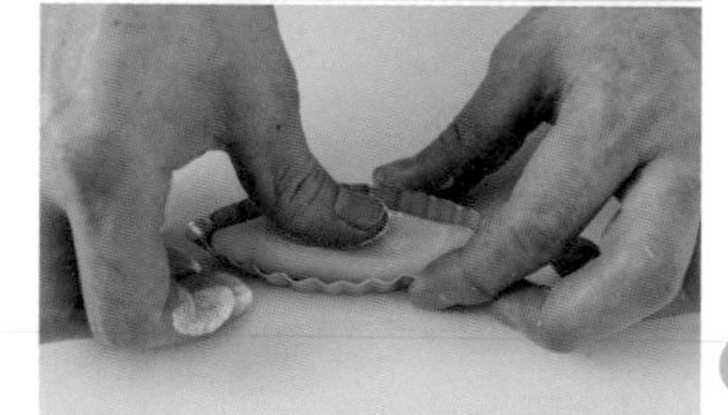

6 叉子間距相等均勻戳洞，放入裁切好的烘焙紙，放入石頭。

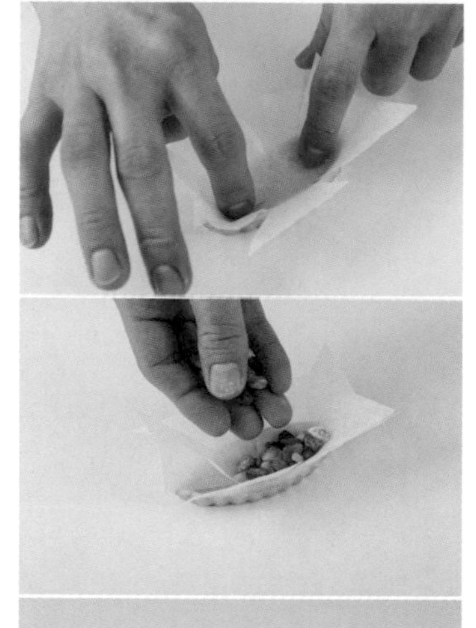

7 送入預熱好的烤箱，以上下火 180°C 烤 14 分鐘。取出石頭，放入烤箱中層，以上火 180°C / 下火 0°C 烤 5 分鐘。轉向，再烤 3 分鐘（烤至微上色），即成半熟塔皮。

8 南瓜籽糖心餡：乾淨雪平鍋放入材料 B，以小火融化均勻。

9 加入發酵無鹽奶油，煮至黏稠狀態，溫度達 113°C（琥珀色）。

10 關火，加入烤熟南瓜籽拌均。倒入粗篩網，濾掉多餘的糖心餡。

11 組合：取湯匙舀煮好的南瓜籽糖心餡，放入作法 7 塔皮，一個約 20g，共 8 顆。

12 送入預熱好的烤箱，以上火 160°C / 下火 0°C，烤 8 分鐘。

13 轉向，再烤 12 分鐘。

14 出爐，待微涼後脫模，完成。

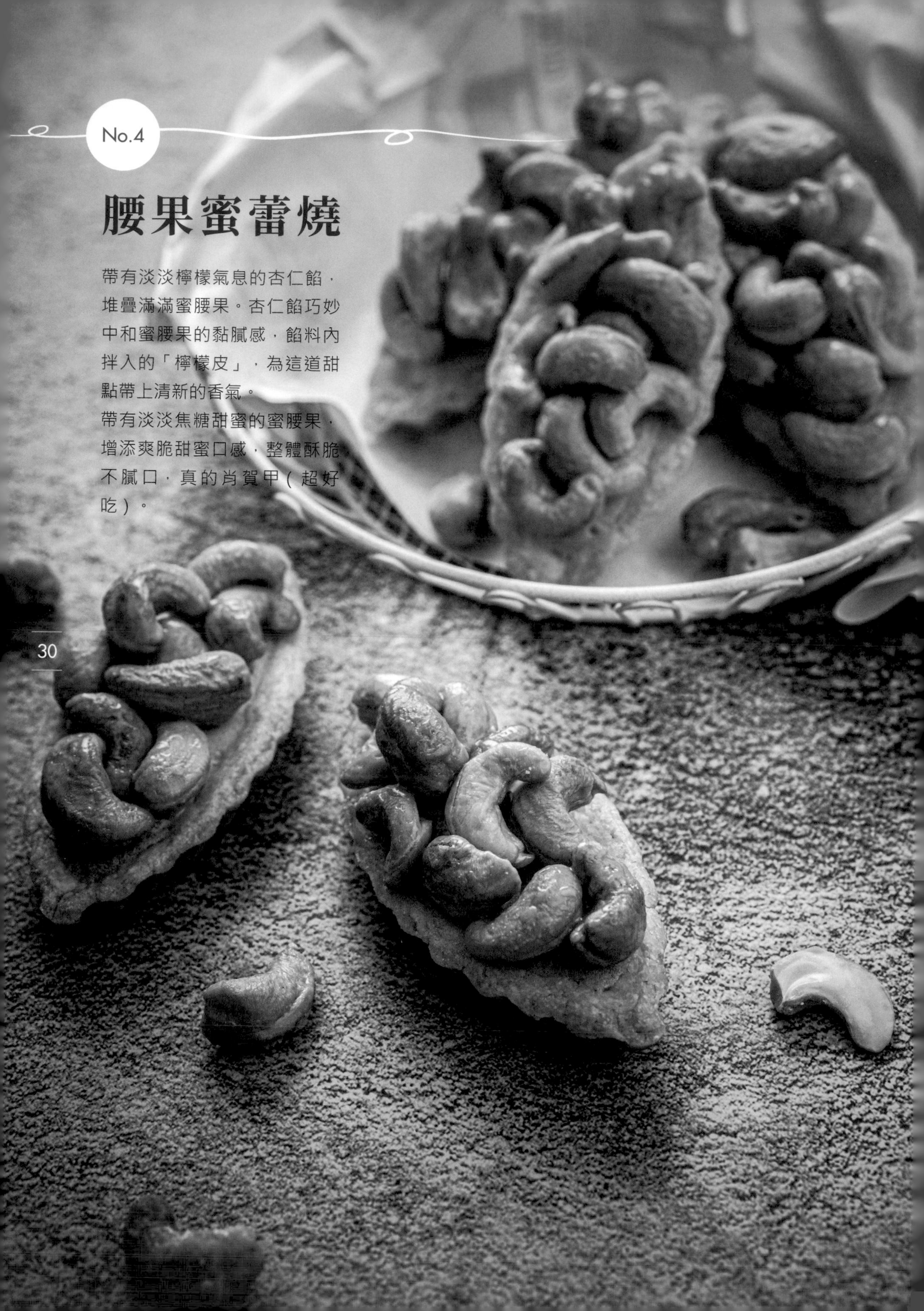

No.4

腰果蜜蕾燒

帶有淡淡檸檬氣息的杏仁餡，堆疊滿滿蜜腰果。杏仁餡巧妙中和蜜腰果的黏膩感，餡料內拌入的「檸檬皮」，為這道甜點帶上清新的香氣。

帶有淡淡焦糖甜蜜的蜜腰果，增添爽脆甜蜜口感，整體酥脆不膩口，真的肖賀甲(超好吃)。

數量｜8 個　　模具｜SN61615 船型菊花模
保存方式｜常溫 7 天，冷凍 60 天（回溫即可食用）

塔皮（分割 20g）

	材料	g
A	發酵無鹽奶油	52
	細砂糖	22
	海藻糖	8
	全蛋液	8
	低筋麵粉（過篩）	74

杏仁餡（填充 12g）

	材料	g
B	發酵無鹽奶油	30
	純糖粉（過篩）	18
	全蛋液	22
C	低筋麵粉（過篩）	6
	杏仁粉（過篩）	23
	奶粉（過篩）	6
	檸檬皮	1.5

腰果糖心餡（填充 20g）

	材料	g
D	動物性鮮奶油	20
	蜂蜜	15
	85% 水麥芽	9
	細砂糖	20
	發酵無鹽奶油	40
	烤熟腰果	135

作法

1. 前置：生腰果以上下火 150°C 烤 15 分鐘。轉向進行翻炒，再烤 5~10 分鐘備用。

2. 杏仁餡：攪拌缸加入材料 B，以槳狀攪拌器打至微微發白。

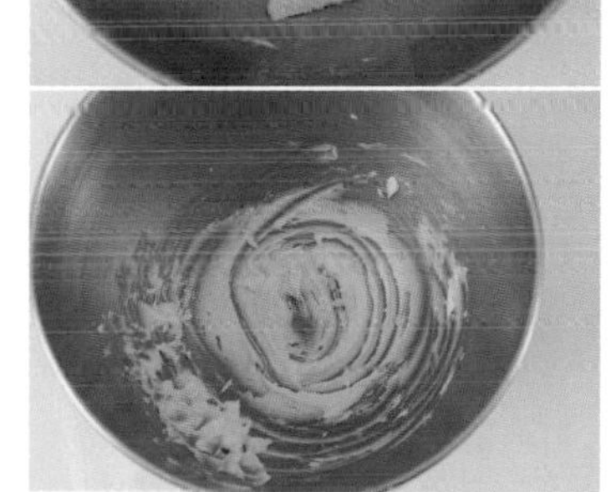

3. 分兩次加入全蛋液，慢速拌均。

★ 加入前需確認液體材料是否完全均勻（與缸內材料充分混合，不可油水分離），均勻才可加入第二次全蛋液。

4. 加入過篩材料 C，以刮刀切拌均勻。

5. 加入檸檬皮拌均，裝入擠花袋備用。

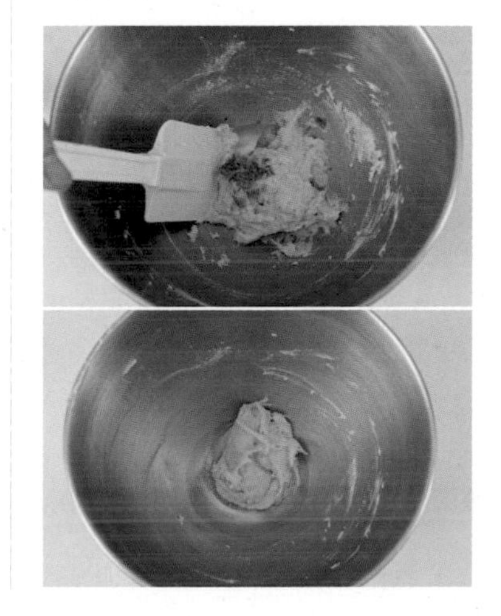

6 **塔皮**：參考 P.17 作法 7，完成塔皮麵團備用。

7 麵團略切碎，雙手壓合成團，分割 20g 略搓長條。

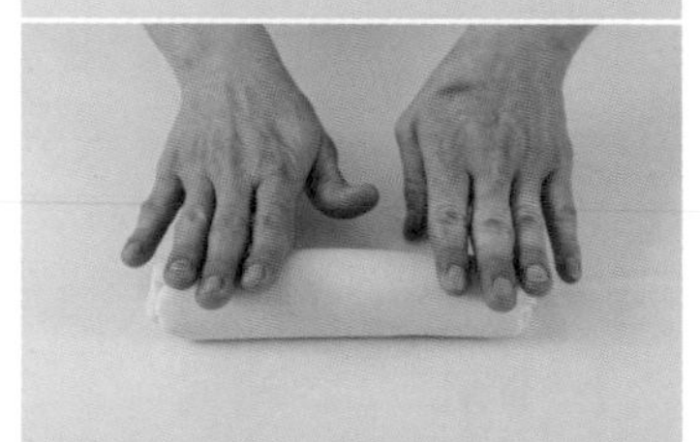

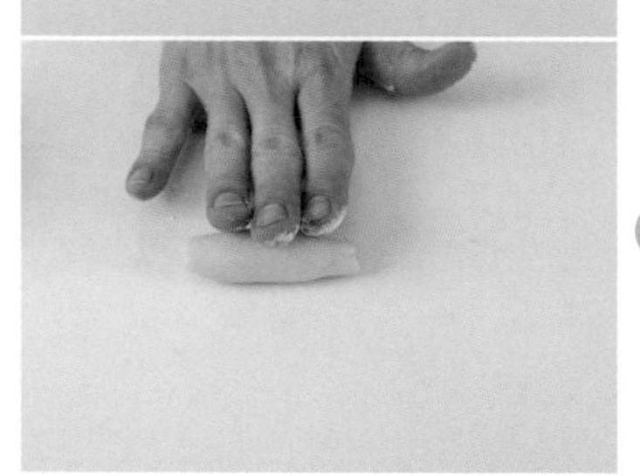

8 麵團放入船型菊花模，手指沾適量手粉（高筋麵粉）捏滿模。

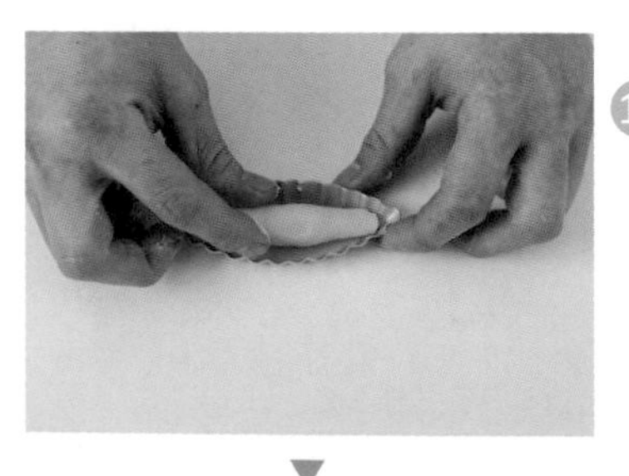

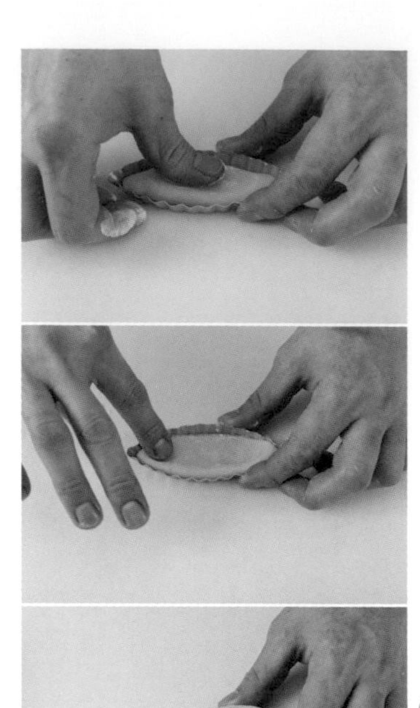

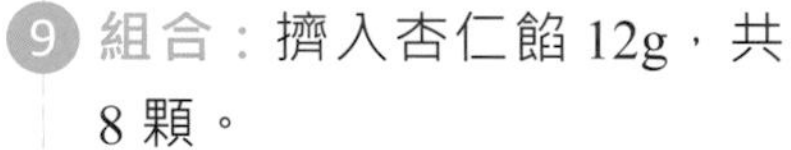

9 **組合**：擠入杏仁餡 12g，共 8 顆。

10 送入預熱好的烤箱，以上火 170˚C / 下火 180˚C 烤 18 分鐘。轉向，再烤 7 分鐘（烤至微上色），出爐敲一下。

11 **腰果糖心餡**：乾淨雪平鍋放入材料 D，以小火融化均勻。

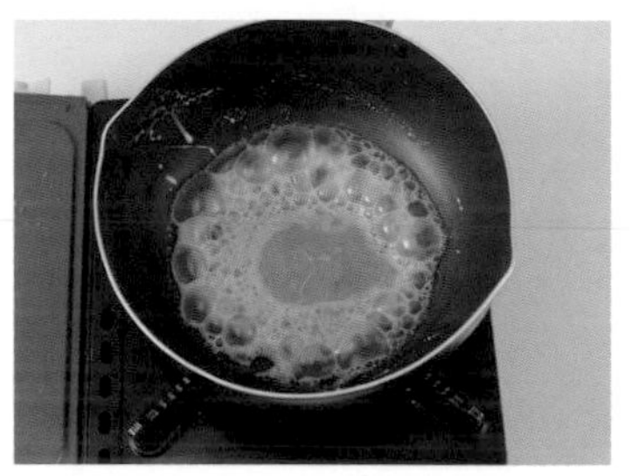

12 加入發酵無鹽奶油，煮至黏稠狀態，溫度達 113˚C（琥珀色）。

13 關火，加入烤熟腰果拌均。倒入粗篩網，濾掉多餘的糖心餡。

14 組合：取湯匙舀煮好的腰果糖心餡，放入作法 10 出爐塔皮，一個放約 20g，共 8 個。

▼

15 送入預熱好的烤箱，以上火 160˚C / 下火 100˚C，烤 8 分鐘。

16 轉向，再烤 4 分鐘。

17 出爐，微整形，待微涼後脫模，完成。

No.5

黑崎野杏仁蛋糕

數量｜8 個　　模具｜SN61725 橢圓菊花模
保存方式｜常溫 7 天，冷凍 60 天（回溫即可食用）

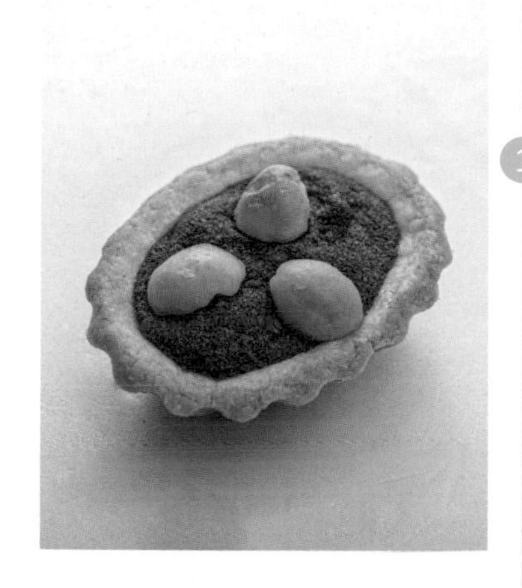

塔皮（分割 20g）　g

A	發酵無鹽奶油	52
	細砂糖	22
	海藻糖	8
	全蛋液	8
	低筋麵粉（過篩）	74

巧克力杏仁蛋糕體（填充 18g）　g

B	發酵無鹽奶油	45
	純糖粉（過篩）	19
	海藻糖（過篩）	8
C	杏仁粉（過篩）	45
	無糖可可粉（過篩）	6
	70.5% 苦甜巧克力	9
	全蛋液	27

裝飾（3 顆）

半粒夏威夷豆	24 個

作法

1 巧克力杏仁蛋糕體：70.5% 苦甜巧克力隔水加熱，融化約 40°C 備用。

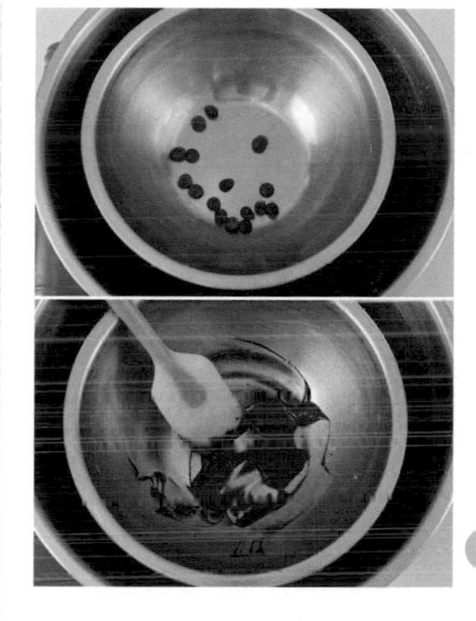

2 攪拌缸加入材料 B，以槳狀攪拌器打至微微發白。

3 分兩次加入全蛋液，慢速拌均。

★ 加入前需確認液體材料是否完全均勻（與缸內材料充分混合，不可油水分離），均勻才可加入第二次全蛋液。

4 加入過篩材料 C，以刮刀切拌均勻。

▼

5 加入作法 1 融化的巧克力拌勻，裝入擠花袋備用。

6 塔皮：參考 P.17 作法 7，完成塔皮麵團備用。

7 麵團略切碎，雙手壓合成團，分割 20g 搓圓。

8 麵團放入橢圓菊花模，手指沾適量手粉（高筋麵粉）捏滿模。

▼

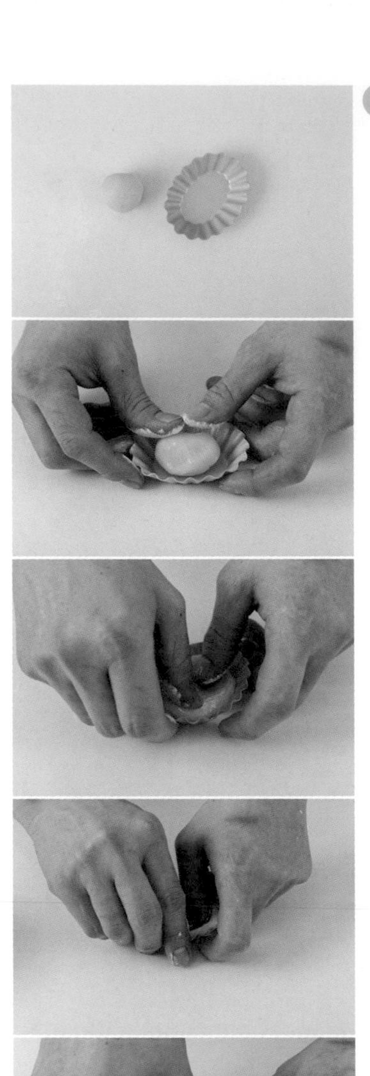

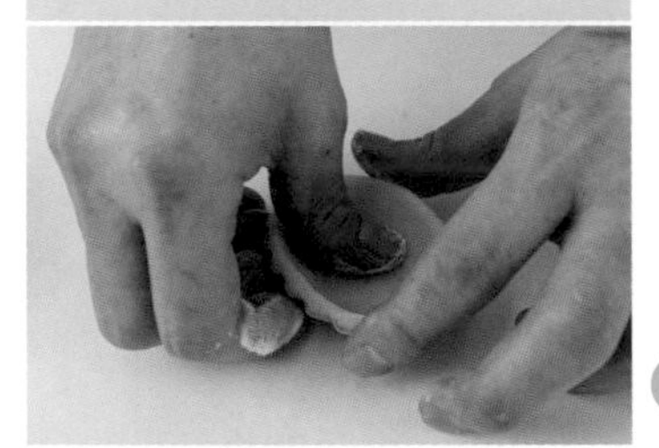

9 組合：擠入巧克力杏仁蛋糕體 18g。表面放 3 個半粒夏威夷豆，共 8 顆。

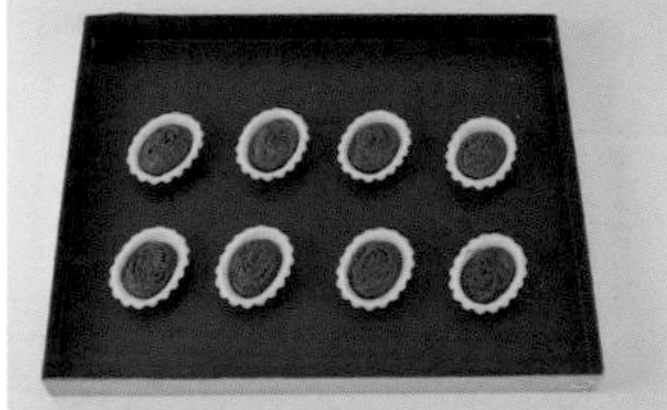

10 送入預熱好的烤箱，以上火 170°C / 下火 180°C 烤 12 分鐘。轉向，再烤 8 分鐘（烤至微上色）。

11 設定上下火 150°C 烤 5 分鐘，出爐敲一下，微冷卻脫模。

No.6

葡萄夾心酥

數量｜長 6.7× 寬 3.4 公分（共切 18 塊，可做 9 個）
保存方式｜常溫 7 天，冷凍 60 天（回溫即可食用）
模具｜半斤袋 1 個、孔洞透氣矽膠墊

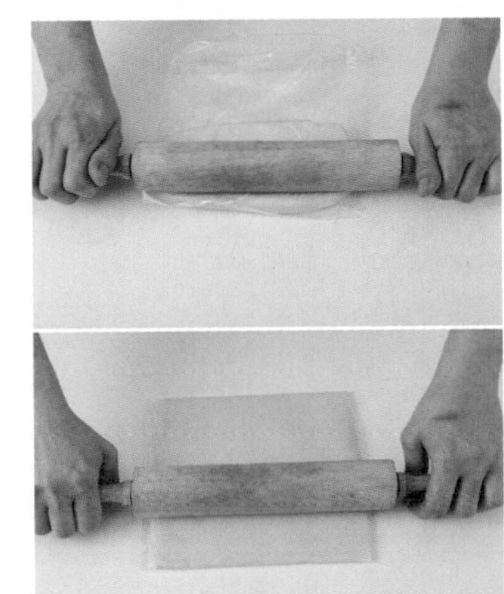

塔皮 g

A	發酵無鹽奶油	110
	細砂糖	47
	海藻糖（過篩）	18
	全蛋液	18
	低筋麵粉（過篩）	157

夾心餡（填充 6g） g

發酵無鹽奶油	50
奶粉（過篩）	20
純白巧克力	15
★ 酒漬葡萄乾（P.94）	54 顆

裝飾 g

杏仁薄片	18 片
新鮮蛋白	5

作法

1 前置：酒漬葡萄乾參考 P.94 製作。

2 塔皮：參考 P.17 作法 4，完成塔皮麵團備用。

3 放入半斤袋，擀長 20 × 寬 20 × 厚 0.6 公分，冷藏定型。

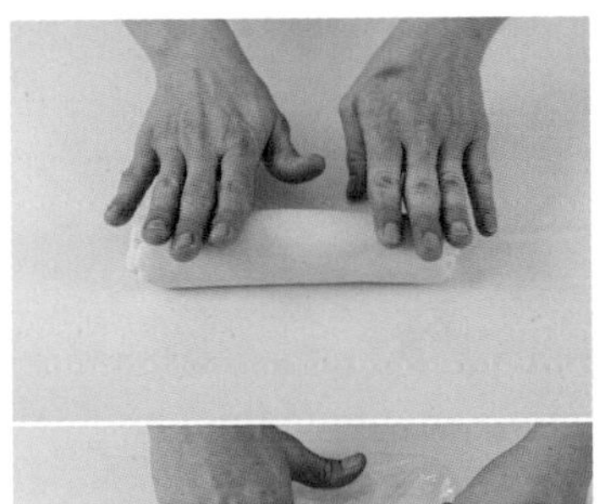

4 確認麵團冰硬定型後，取出麵團，剖開半斤袋，裁切寬 3.4 × 長 6.7 公分，共 18 塊。

5 放上孔洞透氣矽膠墊。

6 刷上蛋白液，取其中 9 塊放上杏仁薄片。

7 送入預熱好的烤箱，以上下火 180°C 烤 12 分鐘。轉向，再烤 6~8 分鐘，即成熟塔皮。

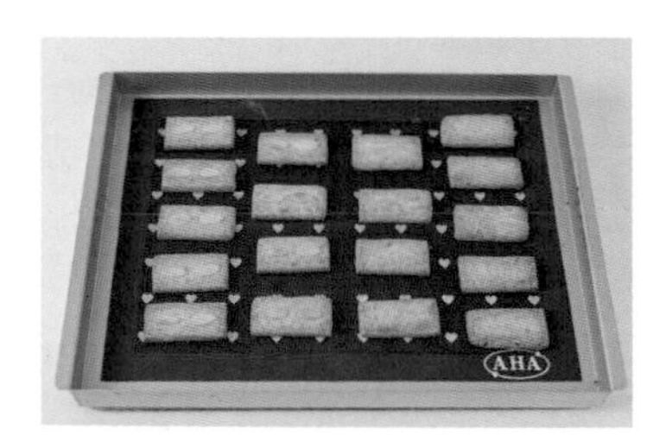

8 **夾心餡**：純白巧克力隔水加熱，融化約 40°C 備用。

9 鋼盆加入發酵無鹽奶油、奶粉，以手持爪形攪拌器中速打至全發。

10 倒入作法 8 融化的純白巧克力，中速攪打均勻，裝入擠花袋。

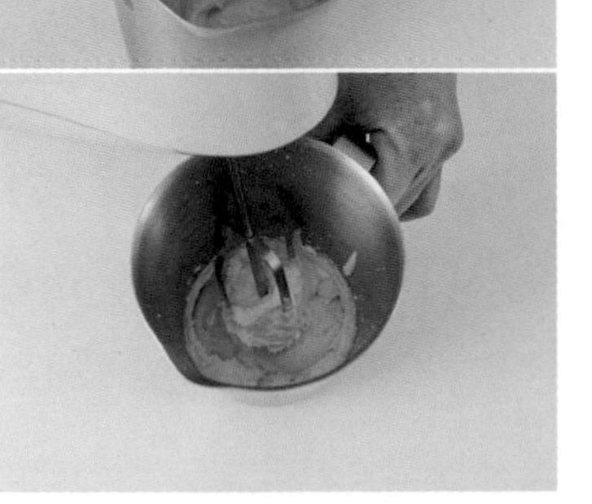

11 **組合**：作法 6 熟塔皮，正反面各一塊，2 片為一組，正面有杏仁薄片，背面則無。

12 於反面塔皮中心擠入 6g 的夾心餡。

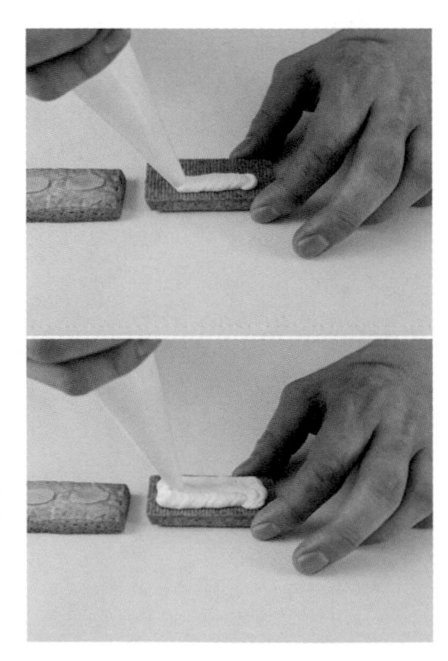

⑬ 放上酒漬葡萄乾 6 顆。

⑭ 正面塔皮擠適量夾心餡。

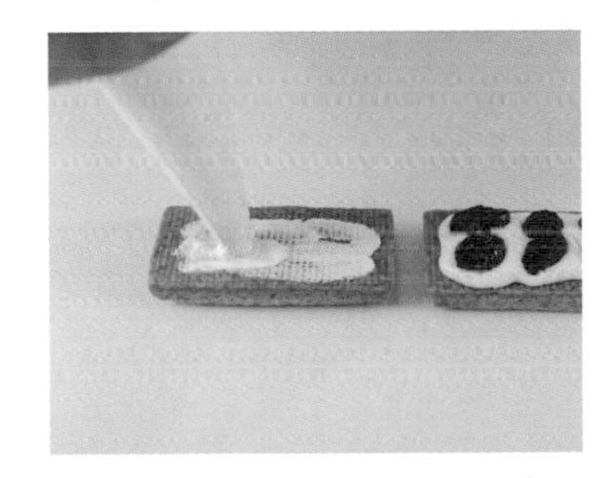

⑮ 闔起即完成。

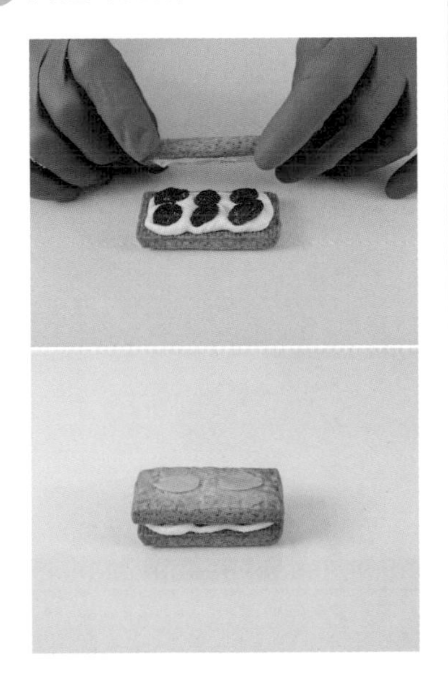

No.7

巧威鬆化餅

數量｜12 個　　模具｜無

保存方式｜常溫 14 天，冷凍 60 天（回溫即可食用）

麵團（分割 20g）		g
A	19 號無鹽發酵奶油	54
	純糖粉（過篩）	67
	鹽	少許
	新鮮蛋黃	7
B	玄米油	23
	無糖可可粉	13
	低筋麵粉（過篩）	87

裝飾	g
生碎胡桃	48

作法

1 乾淨鋼盆加入材料 B，打蛋器拌勻備用。

2 攪拌缸加入材料 A，以槳狀攪拌器打至微微發白。

③ 分兩次加入全新鮮蛋黃慢速拌均。

★ 加入前需確認液體材料是否完全均勻（與缸內材料充分混合，不可油水分離），均勻才可加入第二次新鮮蛋黃。

④ 加入作法 1 拌勻的材料 B，以橡皮刮刀拌均。

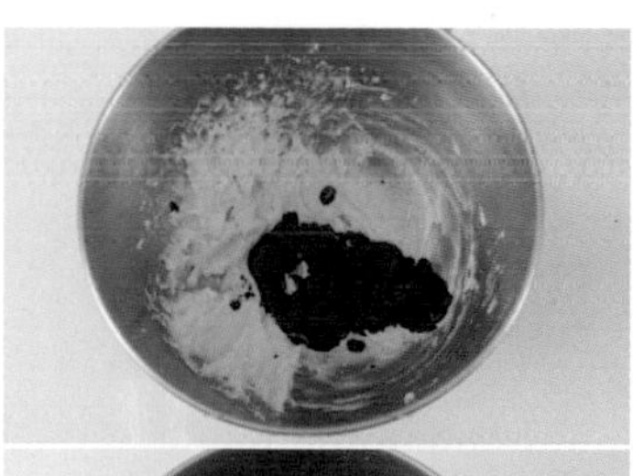

⑤ 加入低筋麵粉切拌均勻。

▼

⑥ 放入袋子中，冷藏 90 分鐘鬆弛（或冷凍 30 分鐘鬆弛），讓麵團有一定的硬度。

⑦ 麵團於袋子中稍微壓成團狀，使整顆麵團軟硬度一致。

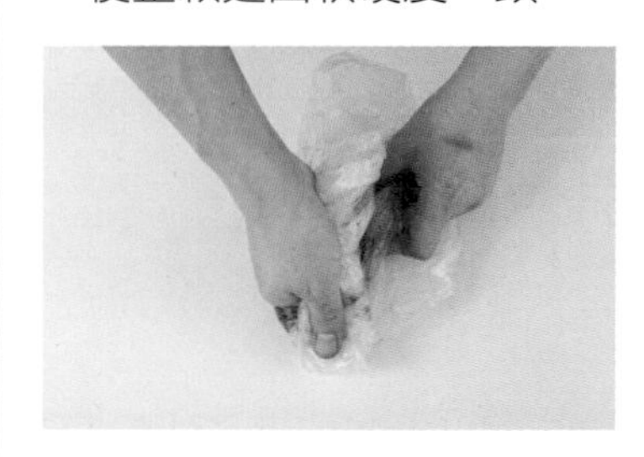

⑧ 麵團分割 20g，搓成圓形，稍微壓扁。

⑨ 表面沾碎胡桃（每個沾裹約 4g）。

⑩ 送入預熱好的烤箱，以上火 170°C / 下火 150°C 烤 12 分鐘。轉向，再烤 6 分鐘。

⑪ 溫度調整以上下火 0°C，再烤 10 分鐘。

⑫ 出爐，餅乾表面用手指輕輕觸碰，觸感呈微硬（或硬），即可出爐。

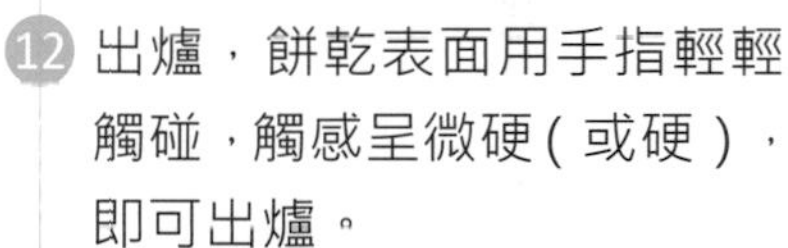

No.8

巧克力杏仁餅

數量｜約 36 片
模具｜烘焙紙 30×20 公分
保存方式｜常溫 14 天，冷凍 60 天（回溫即可食用）

材料 

		g
A	發酵無鹽奶油	57
	純糖粉（過篩）	74
	全蛋液	19
B	低筋麵粉（過篩）	103
	無糖可可粉（過篩）	17
	動物性鮮奶油	11
	杏仁薄片	43

作法

1. 攪拌缸加入材料 A，以槳狀攪拌器打至微微發白。

2. 分兩次加入全蛋液慢速拌均。

★ 加入前需確認液體材料是否完全均勻（與缸內材料充分混合，不可油水分離），均勻才可加入第二次全蛋液。

3. 加入過篩材料 B，以刮刀切拌均勻。

4. 加入動物性鮮奶油拌均，加入杏仁薄片拌勻。

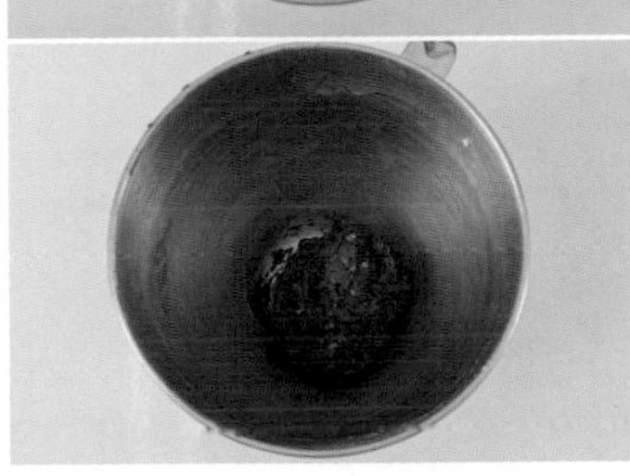

5. 桌面撒手粉（高筋麵粉），放上麵團，搓成長條形後，以烘焙紙捲起，捲成長 30× 直徑 3.5 公分的細長條。

▼

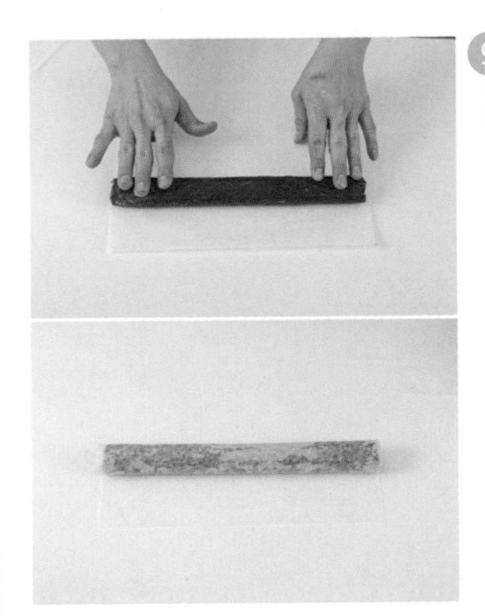

6. 冷藏鬆弛 60~90 分鐘，定型。

7. 冷藏定型後取出，切厚 0.7 公分，共切約 36 片，間距相等放上不沾烤盤。

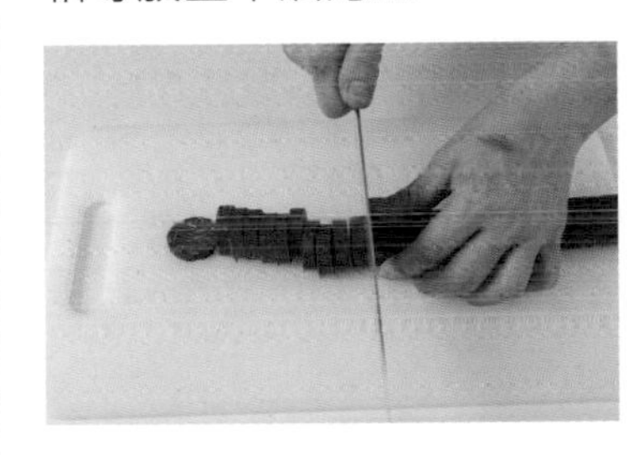

8. 送入預熱好的烤箱，以上火 160°C / 下火 150°C 烤 12 分鐘。轉向，再烤 12~15 分鐘。

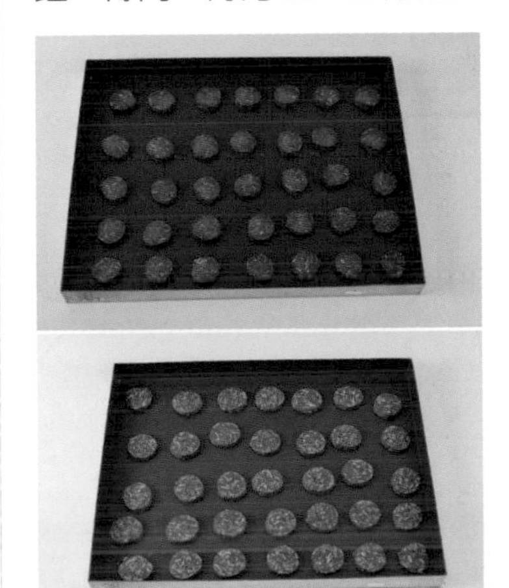

9. 出爐，餅乾表面用手指輕輕觸碰，觸感呈微硬（或硬），即可出爐。

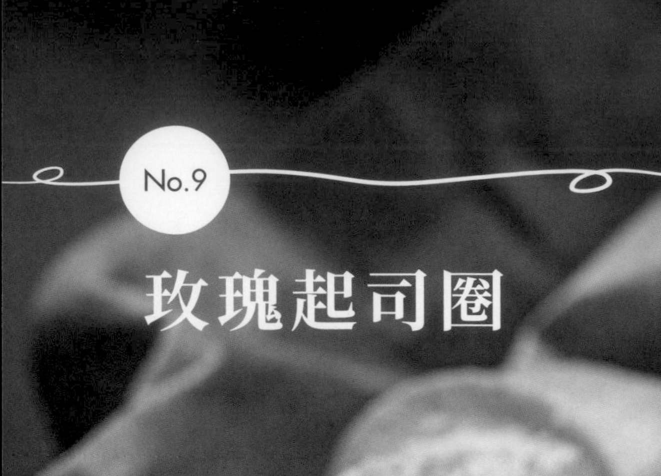

No.9

玫瑰起司圈

數量｜約 30 個

模具｜花嘴 SN7083

保存方式｜常溫 14 天，冷凍 60 天（回溫即可食用）

約 30 個 

A	發酵無鹽奶油	73
	純糖粉（過篩）	53
	全蛋液	30
B	低筋麵粉（過篩）	135
	帕瑪森起司粉（過篩）	17

裝飾

帕瑪森起司粉　少許

作法

1 攪拌缸加入材料 A，以槳狀攪拌器打至微微發白。

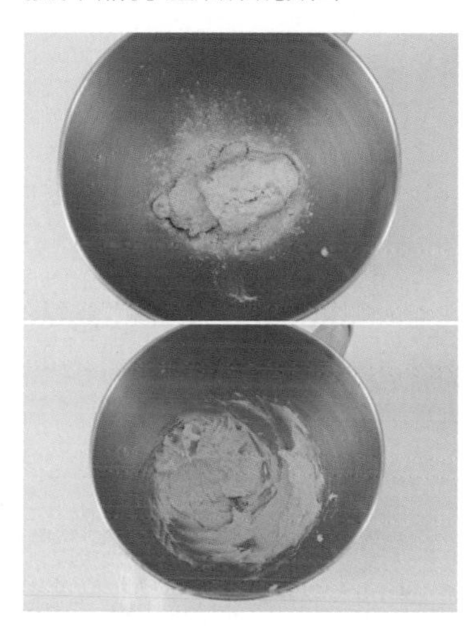

2 分兩次加入全蛋液，慢速拌均。

★ 加入前需確認液體材料是否完全均勻（與缸內材料充分混合，不可油水分離），均勻才可加入第二次全蛋液。

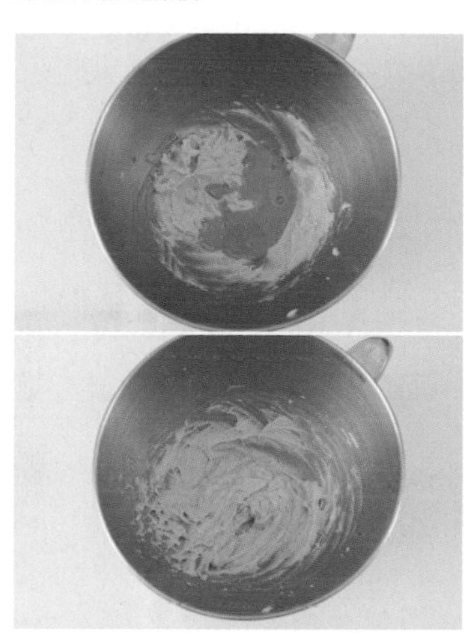

3 加入過篩材料 B，以刮刀切拌均勻，裝入裝上花嘴的擠花袋。

▼

4 在不沾烤盤上擠玫瑰造型。

5 表面撒帕瑪森起司粉。

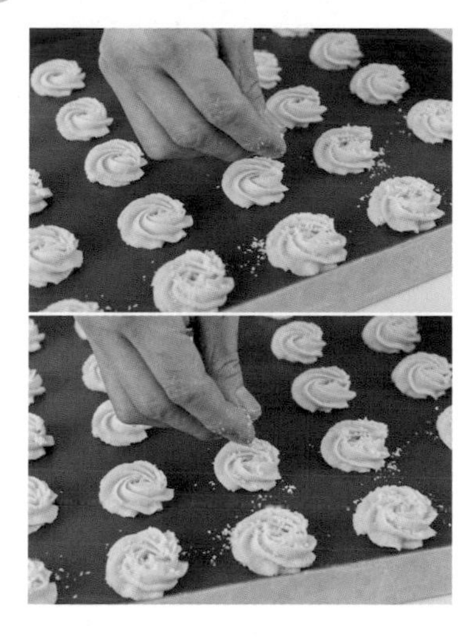

6 送入預熱好的烤箱，以上火 170°C / 下火 160°C 烤 12 分鐘。轉向，再烤 10 分鐘。

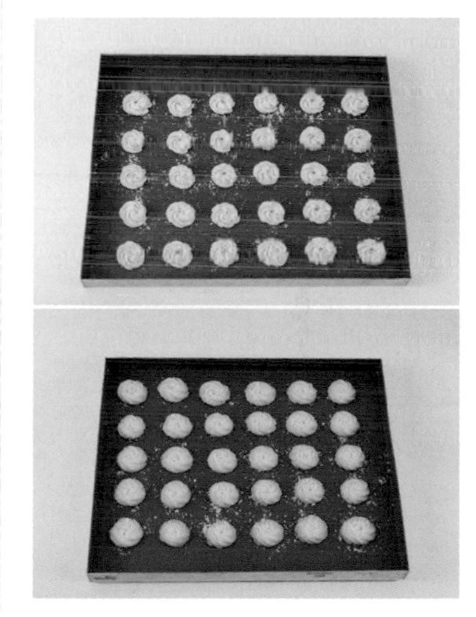

7 出爐，餅乾表面用手指輕輕觸碰，觸感呈微硬（或硬），即可出爐。

No.10

義式披薩餅

數量｜30 片（1 片約 10g）
模具｜花嘴 SN7083
保存方式｜常溫 14 天，冷凍 60 天（回溫即可食用）

材料（分割 10g）		g
	發酵無鹽奶油	83
	純糖粉（過篩）	67
	鹽	少許
A	奶水	45
A	起司片	13
	低筋麵粉（過篩）	158
裝飾		
	義式披薩風味粉	少許

作法

1 鋼盆放入材料 A，隔水加熱融化，冷卻備用。

2 攪拌缸加入發酵無鹽奶油、純糖粉、鹽，以槳狀攪拌器打至微微發白。

3 分兩次加入作法 1 融化的材料，慢速拌均。

★ 加入前需確認液體材料是否完全均勻（與缸內材料充分混合，不可油水分離），均勻才可加入第二次液體材料。

4 加入過篩低筋麵粉，以刮刀切拌均勻，裝入裝上花嘴的擠花袋。

5 在不沾烤盤上擠玫瑰造型。

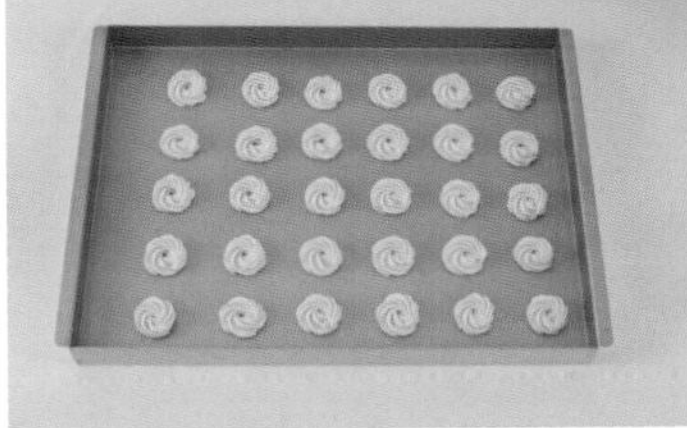

6 表面篩義式披薩風味粉。

7 送入預熱好的烤箱，以上火 170°C／下火 160°C 烤 12 分鐘。轉向，再烤 10~13 分鐘。

8 出爐，餅乾表面用手指輕輕觸碰，觸感呈微硬（或硬），即可出爐。

No.11

蝸牛夾心餅

數量｜8組（16片/兩片一組）

模具｜花嘴SN7065、直徑5公分圓模

保存方式｜常溫14天，冷凍60天（回溫即可食用）

餅乾糊

		g
A	發酵無鹽奶油	70
	純糖粉（過篩）	35
	全蛋液	18
B	高筋麵粉（過篩）	63
	杏仁粉（過篩）	27
	無糖可可粉（過篩）	11

巧克力餡（填充8g）

	g
發酵無鹽奶油	20
深黑苦甜軟質巧克力	50
君度橙酒	2.5

作法

1. 餅乾糊：攪拌缸加入材料 A，以槳狀攪拌器打至微微發白。

2. 分兩次加入全蛋液，慢速拌均。

★ 加入前需確認液體材料是否完全均勻（與缸內材料充分混合，不可油水分離），均勻才可加入第二次全蛋液。

3. 加入過篩材料 B，以刮刀切拌均勻，裝入擠花袋。

▼

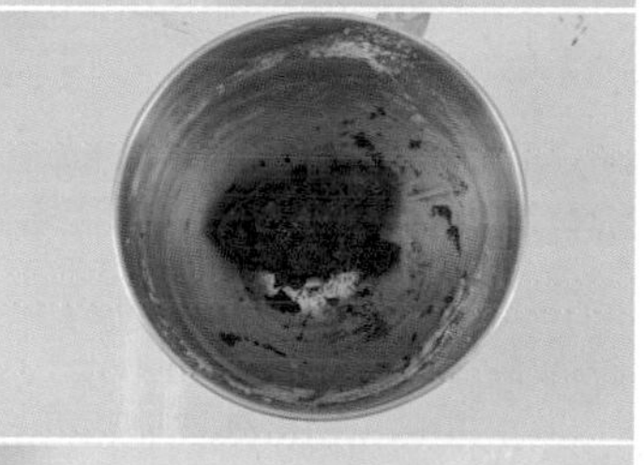

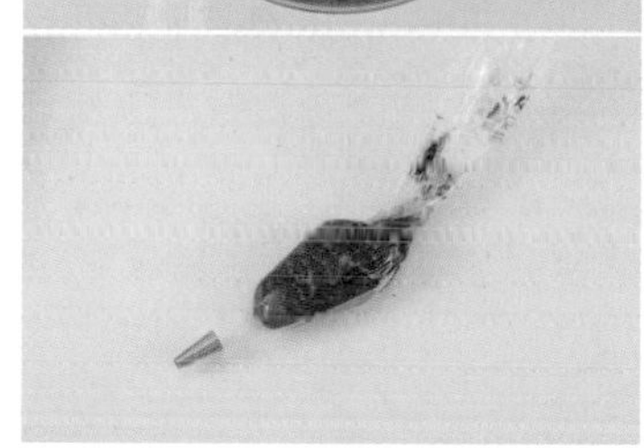

4. 直徑 5 公分圓模沾高筋麵粉，間距相等，輕輕壓上不沾烤盤（做記號）。

5. 由記號中心開始，以畫圓方式擠出麵糊。

6. 送入預熱好的烤箱，以上火 170°C / 下火 150°C，烤 12 分鐘。轉向，再烤 6~8 分鐘。

7. 出爐，餅乾表面用手指輕輕觸碰，觸感呈微硬（或硬），即可出爐。

8. 巧克力餡：不銹鋼量杯加入發酵無鹽奶油中速打發，再加入深黑苦甜軟質巧克力打至全發。

9. 加入君度橙酒，慢速打勻，裝入擠花袋中。

10. 組合：兩片餅乾擠約 8g 巧克力餡，闔起完成。

No.12

葡萄燕麥餅

數量｜30 片（1 片 20g）

模具｜無

保存方式｜常溫 14 天．冷凍 60 天（回溫即可食用）

材料（分割 20g）		g
A	發酵無鹽奶油	79
	細砂糖	75
	海藻糖	33
	奶水	37
B	低筋麵粉（過篩）	125
	無鋁泡打粉（過篩）	2
C	椰子粉	32
	杏仁角	32
	耐烘焙黑巧克力豆	65
	葡萄乾	65
	燕麥片	65

裝飾	g
新鮮蛋白液	5
燕麥片	10

1. 攪拌缸加入材料 A，以槳狀攪拌器中速打至微微發白。

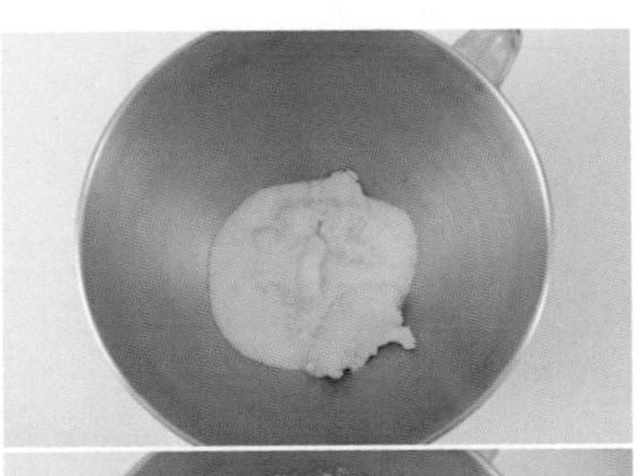

2. 分兩次加入奶水，慢速拌均。

★ 加入前需確認液體材料是否完全均勻（與缸內材料充分混合，不可油水分離），均勻才可加入第二次奶水。

3. 加入過篩材料 B，以刮刀切拌均勻。

▼

4. 加入材料 C，以刮刀翻拌均勻。

5. 裝入袋子妥善封起，冷藏鬆弛 60 分鐘（或冷凍鬆弛 30 分鐘）。

6. 在袋子中搓揉麵團，使其軟硬一致。

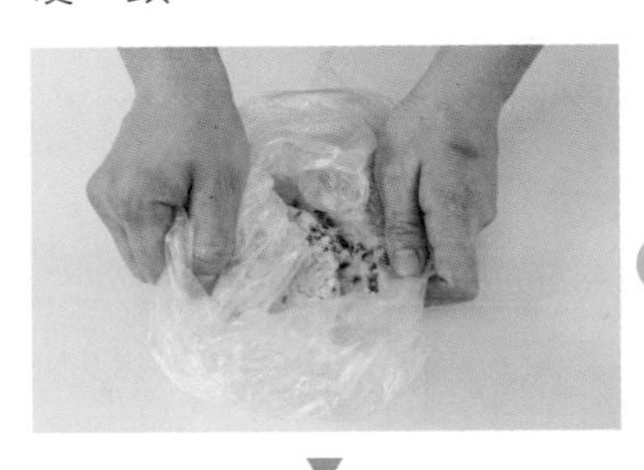

▼

7. 取出麵團進行分割，一顆分割 20g，搓圓，用手掌輕輕壓扁（呈直徑 4 公分圓片），間距相等放上不沾烤盤。

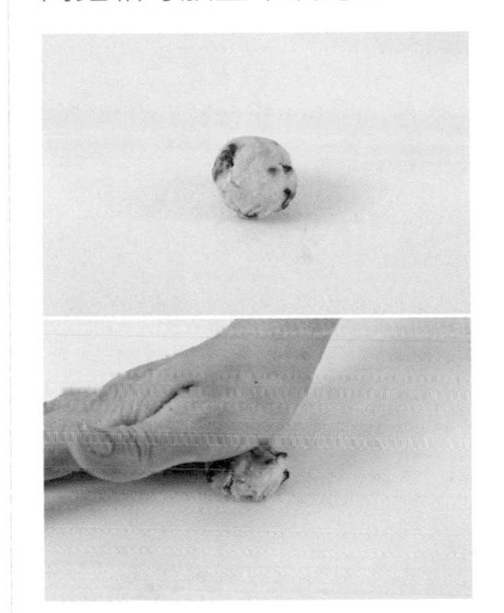

8. 表面刷一層薄薄的新鮮蛋白液，放上少許燕麥片。

9. 送入預熱好的烤箱，以上火 170°C / 下火 160°C 烤 12 分鐘。轉向，再烤 8~12 分鐘。

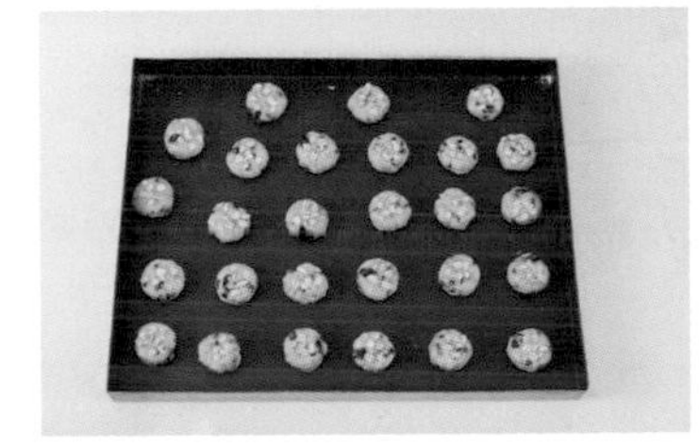

10. 出爐，餅乾表面用手指輕輕觸碰，觸感呈微硬（或硬），即可出爐。

No.13

藍莓圓餅

數量｜16 片（1 片 20g）　模具｜孔洞透氣矽膠墊

保存方式｜常溫 14 天，冷凍 60 天，回溫即可食用

材料（分割 20g）		g
A	19 號無鹽發酵奶油	84
	純糖粉（過篩）	30
	海藻糖（過篩）	13
B	藍莓水果茶包粉	4
	奶粉（過篩）	4
	無鋁泡打粉（過篩）	1
	鹽	少許
	奶水	61
	VIRON T45 麵粉（過篩）	133

裝飾	g
藍莓果乾	40

1. 攪拌缸加入材料 A，以槳狀攪拌器打至微微發白。

2. 加入過篩材料 B，慢速拌勻。

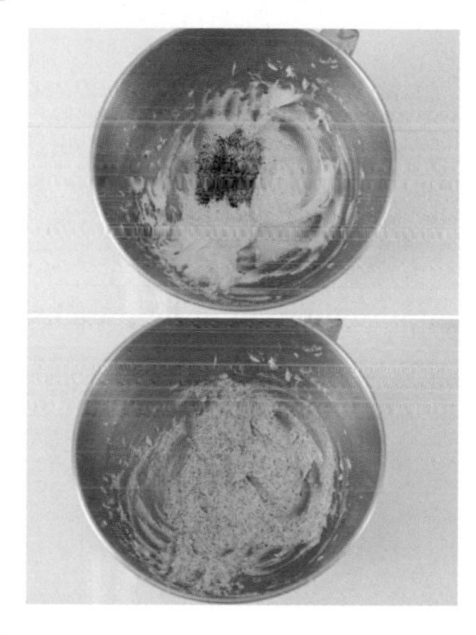

3. 加入奶水拌勻，加入 T45 麵粉，慢速拌勻。

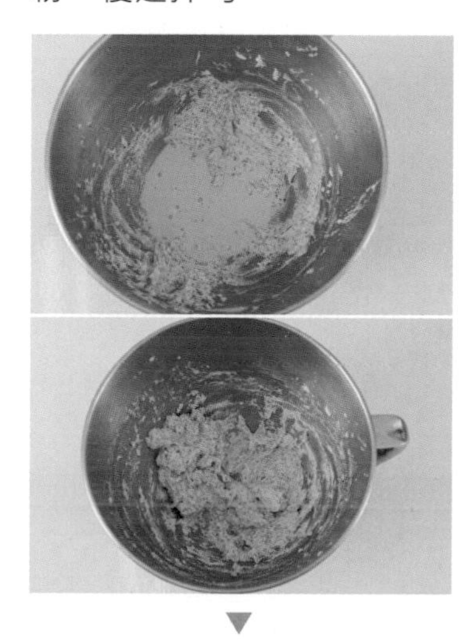

▼

4. 裝入袋子妥善封起，冷藏鬆弛 60 分鐘（或冷凍鬆弛 30 分鐘）。

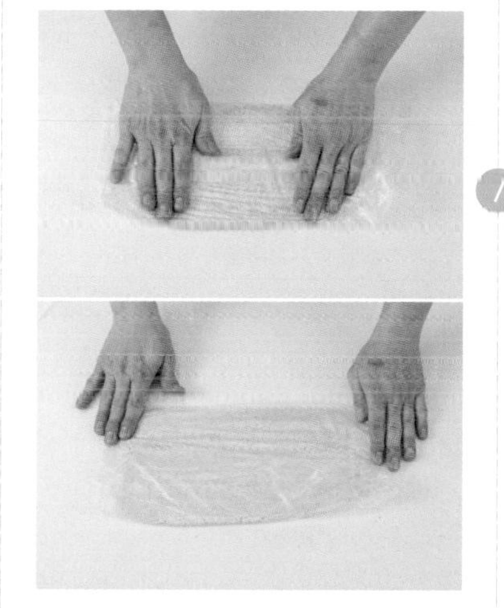

5. 在袋子中搓揉麵團，使其軟硬一致。

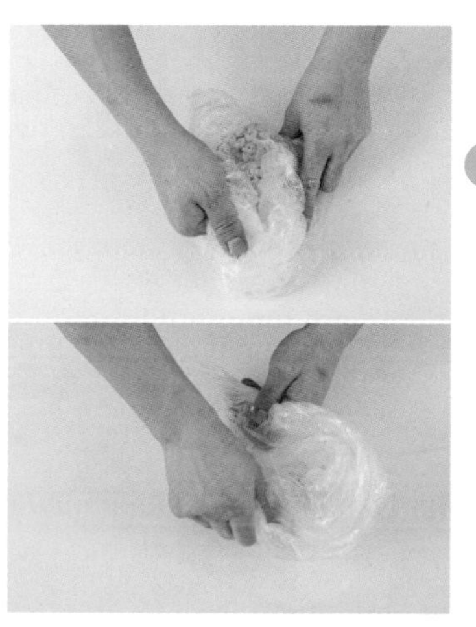

6. 取出麵團進行分割，一顆分割 20g，搓圓，用手掌輕輕壓扁（呈直徑 5 公分圓片），間距相等放上不沾烤盤（烤盤鋪孔洞透氣矽膠墊）。

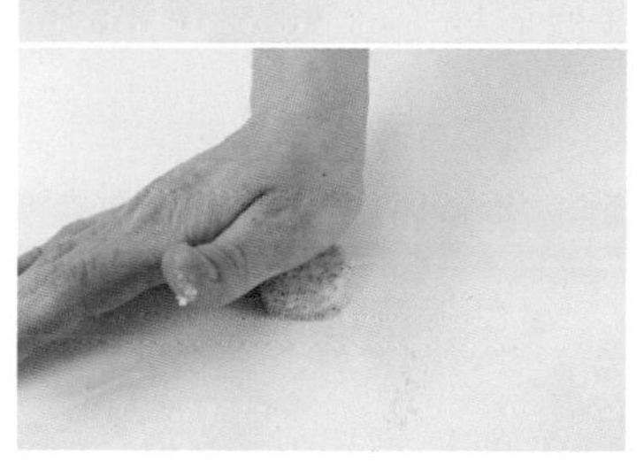

7. 放上少許藍莓果乾裝飾。

8. 送入預熱好的烤箱，以上火 170°C / 下火 150°C，烤 12 分鐘。轉向，再烤 8 分鐘。

9. 出爐，餅乾表面用手指輕輕觸碰，觸感呈微硬（或硬），即可出爐。

No.14

貓舌餅

材料 g

A	皇家伯爵茶粉	3
	19 號無鹽發酵奶油	50
	純糖粉（過篩）	46
	新鮮蛋白	28
	動物性鮮奶油	35
B	杏仁粉（過篩）	28
	低筋麵粉（過篩）	23
	VIRON T45 麵粉（過篩）	7
	奶粉（過篩）	5

數量｜50 片　　模具｜花嘴 SN7065
保存方式｜常溫 14 天，冷凍 60 天 (回溫即可食用)

作法

1. 攪拌缸加入材料 A，以槳狀攪拌器打至微微發白。

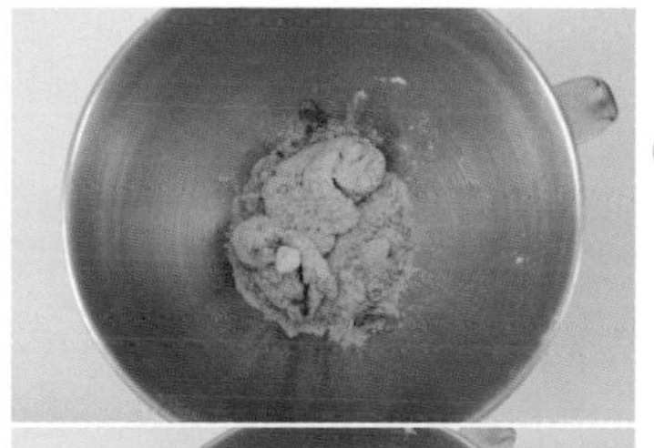

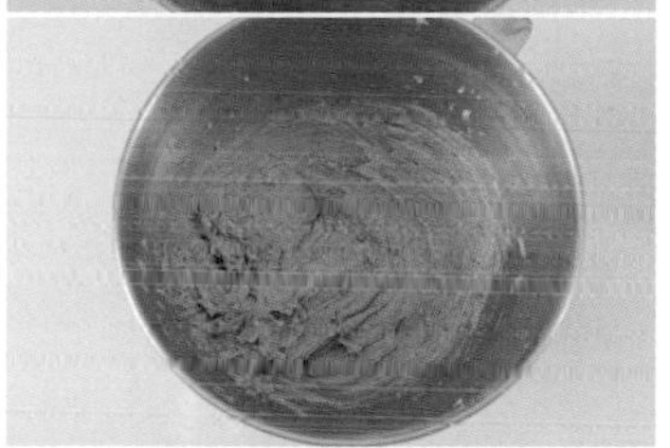

2. 加入新鮮蛋白拌勻，加入動物性鮮奶油拌勻。

3. 加入過篩材料 B，以刮刀切拌均勻，裝入裝上花嘴的擠花袋。

4. 於不沾烤盤間距相等地擠 7 公分長條形麵糊。

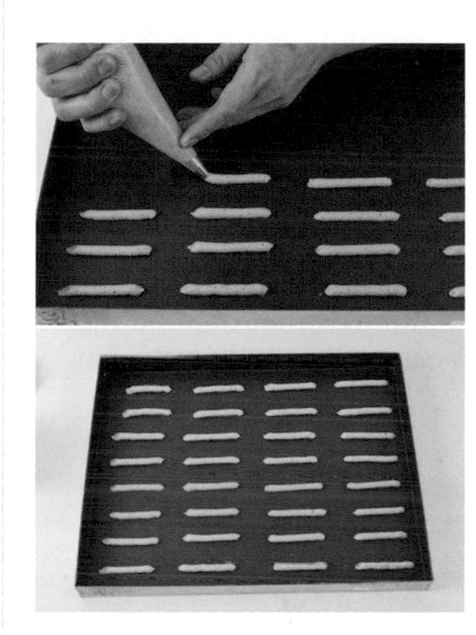

5. 送入預熱好的烤箱，以上火 150°C / 下火 170°C，烤 8 分鐘。

6. 轉向，再烤 6 分鐘。設定上下火 0°C，烤 2 分鐘。

7. 出爐，餅乾表面用手指輕輕觸碰，觸感呈微硬 (或硬)，即可出爐。

No.15

巴芮巧克力蛋白餅

數量｜16 片（1 片 20g）
模具｜孔洞透氣矽膠墊
保存方式｜常溫 14 天，冷凍 60 天（回溫即可食用）

材料（分割 20g） 

A	新鮮蛋白	47
	細砂糖	49
	海藻糖	21
B	杏仁粉（過篩）	100
	無糖可可粉（過篩）	18
	純糖粉（過篩）	47
C	熟杏仁角	24
	巴芮脆片	24

裝飾

耐烘焙水滴巧克力豆	少許
珍珠糖	少許

1 乾淨攪拌缸加入材料 A，以球狀攪拌器快速打至六分發。

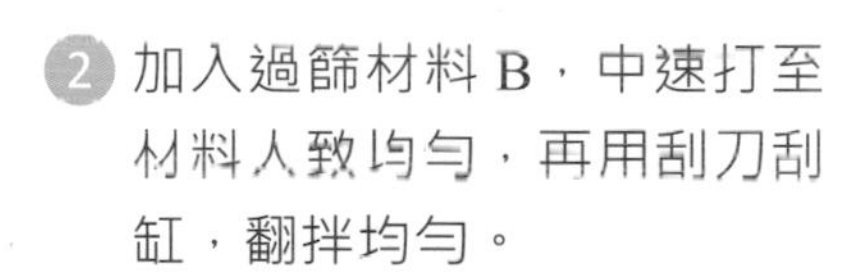

2 加入過篩材料 B，中速打至材料大致均勻，再用刮刀刮缸，翻拌均勻。

★ 如果粉類會噴濺，建議先慢速打至 1/3 均勻，再轉中速。

3 加入材料 C，慢速打至材料均勻散入麵團中。

4 裝入袋子妥善封起，冷藏鬆弛 60 分鐘（或冷凍鬆弛 30 分鐘）。

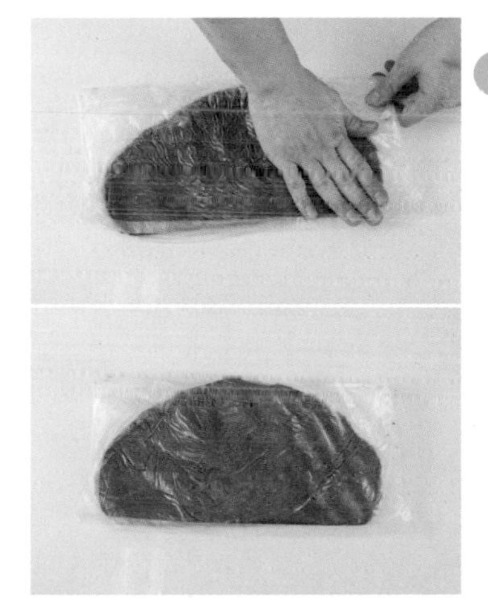

5 在袋子中搓揉麵團，使其軟硬一致。

6 取出麵團進行分割，一顆分割 20g，搓圓，用手掌輕輕壓扁（呈直徑 5 公分圓片），間距相等放上不沾烤盤（烤盤鋪孔洞透氣矽膠墊）。

7 撒少許耐烘焙水滴巧克力豆、珍珠糖。

8 送入預熱好的烤箱，以上火 170°C / 下火 180°C，12 分鐘，轉向，再烤 8 分鐘。

9 出爐，餅乾表面用手指輕輕觸碰，觸感呈微硬（或硬），即可出爐。

PART 3

獨領風潮 蟹式風格

從 0 到 100 的「蛋糕卷」超詳盡全攻略！

「蛋糕卷」剪裁烘焙紙方法

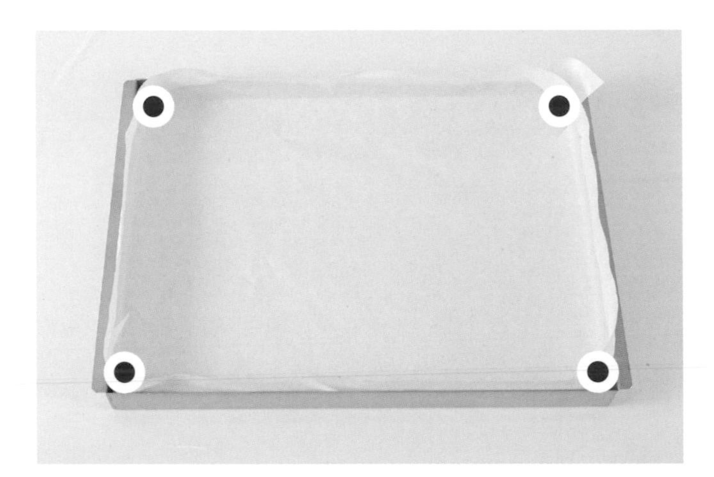

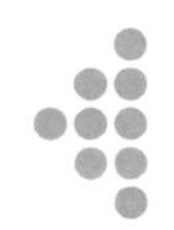

取略大於烤盤的白報紙，根據烤盤尺寸做記號，對準記號對摺。四邊各剪一刀，放入烤盤。

「蛋糕卷」烘烤小技巧

倒入麵糊後，用刮板上多餘的麵糊，抹在白報紙與烤盤接觸之處。讓白報紙與烤盤貼合度更高（防止報紙往裡面凹），避免影響著色度。

如何判斷「蛋糕體」熟成度？

方法❶：用竹籤叉入蛋糕體，「無麵糊沾黏」代表熟成，有沾黏則要再烤一下。

方法❷：手指輕輕觸碰蛋糕，若有彈性，即可出爐。

「蛋糕卷」脫模小技巧

① 蛋糕體出爐後，重敲烤盤，震出內部熱氣。

★ 避免濕氣累積在蛋糕體中，造成蛋糕收縮。

② 趁微熱，拉住兩端脫離烤盤。

★ 新手建議戴上手套操作，避免燙傷。

③ 撕掉四邊白報紙，靜置放涼。

★ 一定要置於涼架上，放在桌子，蛋糕底部會累積濕氣。

5 「蛋糕卷」蛋糕體去皮的重要性 & 小技巧

蛋糕卷的「蛋糕體」與「內餡」是分離的，就是因為沒有去皮。
沒有去皮的蛋糕體表面光滑，即便組合，內餡一樣抓不住蛋糕。食用時只要輕輕切開，蛋糕與內餡就會分離。

1 要解決這個問題也很簡單，首先在蛋糕放涼後，於表面噴上薄薄一層水霧。

2 放上白報紙，靜置至蛋糕體冷卻，再把白報紙撕下。如此便可以有效地去除蛋糕皮。

「蛋糕卷」捲蛋糕手法與小技巧

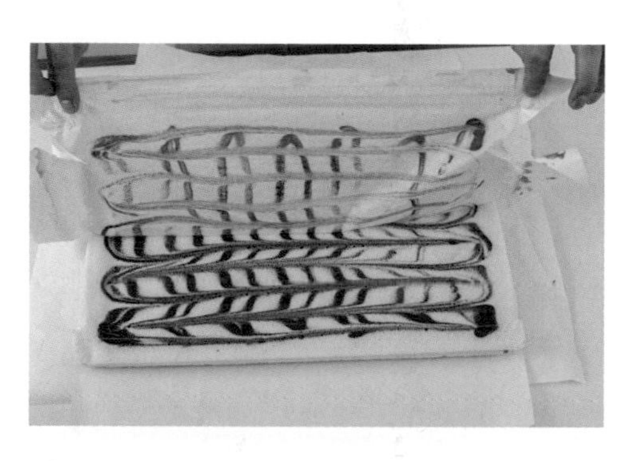

① 從蛋糕體撕下白報紙。

② 墊在底部防滑。

③ 放上白報紙、蛋糕體，抹上餡料。

④ 擀麵棍反向收捲白報紙。

⑤ 邊收捲，邊壓捲蛋糕體，收捲成條狀。

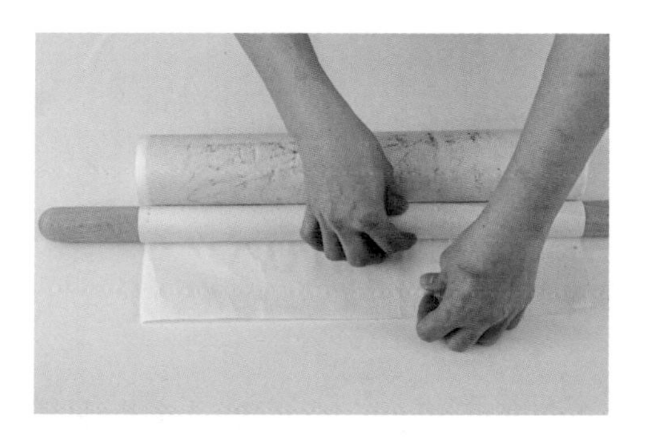

⑥ 白報紙妥善捲起，送入冷藏定型，完成。

No.16

年輪蛋糕

數量｜1 條

模具｜原味麵糊：長 42.8 × 寬 33 × 高 3.5 公分烤盤

虎皮麵糊：❶ 長 42.8 × 寬 33 × 高 3.5 公分烤盤、❷ 模具 SN3384、❸ 烘焙布

保存方式｜常溫 2~3 天，冷藏 5~7 天，冷凍 10~14 天（回溫即可食用）

年輪麵糊 g

A	全蛋	153
	新鮮蛋黃	23
	蜂蜜	47
	細砂糖	82
	海藻糖	20
B	19 號無鹽發酵奶油	47
	玄米油	47
	奶水	47
	低筋麵粉（過篩）	103

虎皮麵糊 g

C	新鮮蛋黃	100
	全蛋	14
	細砂糖	42
	玉米粉（過篩）	15

夾層 g

★ 義式甜奶油（P.11） 160

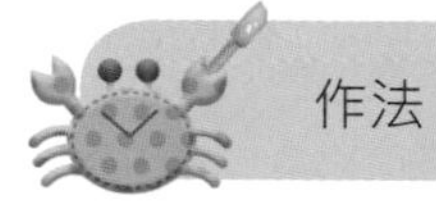

作法

1 準備：依據烤盤裁切白報紙，將白報紙放入烤盤備用。

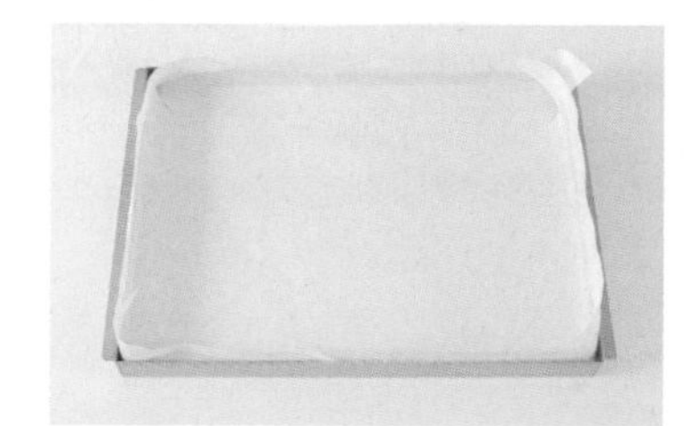

2 年輪麵糊：乾淨鋼盆加入材料 B，中火拌勻煮至 80°C，備用。

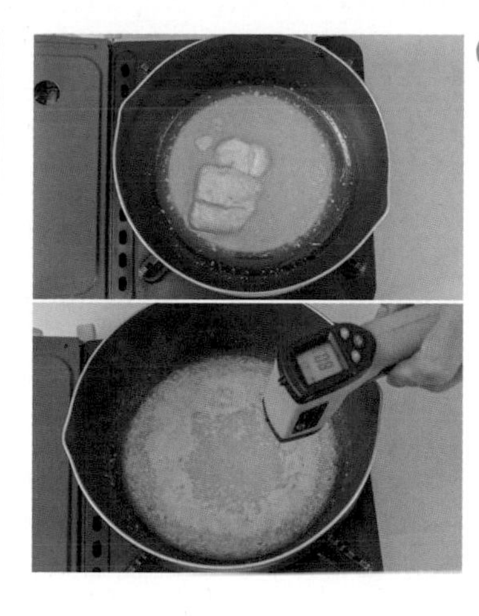

3 乾淨鋼盆加入材料 A，隔水加熱拌勻，加熱至 38~42°C。

4 倒入攪拌缸，用球狀攪拌器快速打至七分發，轉中速打至全發。

5 麵糊倒入鋼盆，倒入低筋麵粉，用打蛋器拌勻。

★ 粉類均勻倒入，避免全部集中於一處，鬆散的倒入有助於拌勻。

6 倒入作法 2 材料 B 略拌，換刮刀輕柔拌勻。

7 取 280g 麵糊，倒入作法 1 己放白報紙的烤盤，刮平。

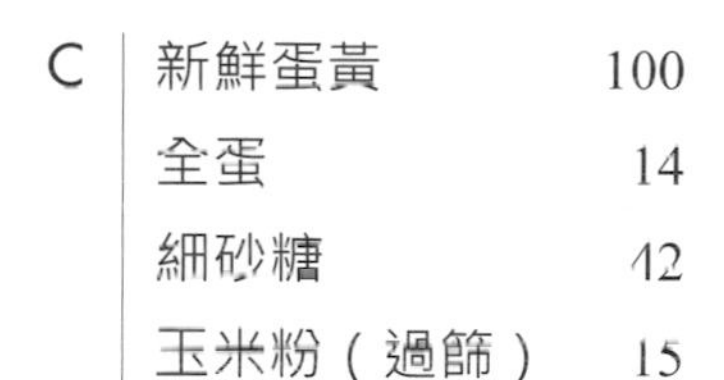

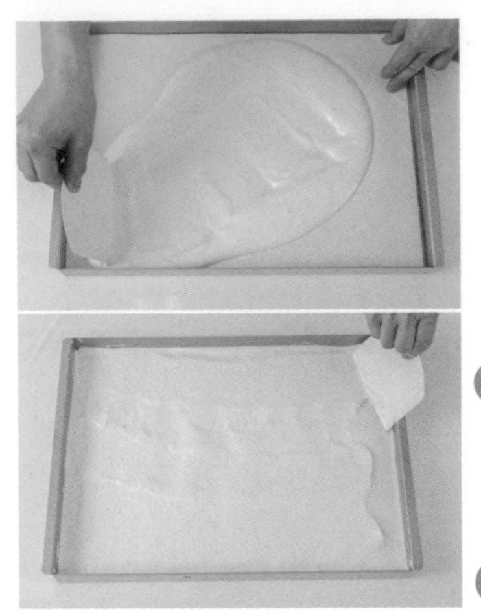

8 送入預熱好的烤箱，以上火210°C / 下火 150°C 烤 6 分鐘。轉向，再烤 2 分鐘（此為第一段烘烤）。

9 出爐，倒入剩餘麵糊，溫度維持不變，改以水浴法烘烤8 分鐘（此為第二段烘烤）。

★ 另取一個烤盤，烤盤內注入常溫水（注水高度約 1 公分）。烤箱先放入注入水的烤盤，再放上有麵糊的烤盤（或模具），此手法稱為「水浴法」。

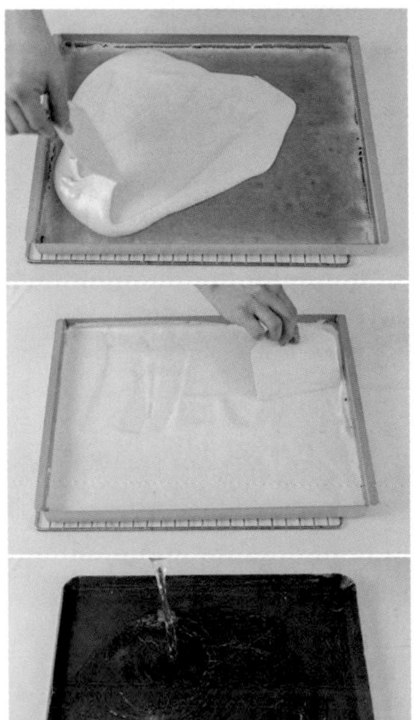

10 轉向，將注入水的烤盤移出，再烤 2~4 分鐘（此為第三段烘烤）。

11 手指輕輕觸碰蛋糕，若有彈性即可出爐。出爐重敲烤盤，震出內部熱氣，冷卻備用。

12 **虎皮蛋糕**：烤盤底部放烘焙布，再放入模具 SN3384。

13 攪拌缸加入材料 C，以球狀攪拌器快速打至六分發（打至麵糊有光澤感，有波紋）。

14 轉中速攪打 30 秒，使麵糊更細緻。

15 倒入作法 12 準備好的烤盤，用刮板抹平，在桌面敲二下。

16 送入預熱好的烤箱，以上火210°C / 下火 0°C，放中層烤8~10 分鐘。

17 手指輕輕觸碰蛋糕，若有彈性，即可出爐。出爐重敲烤盤，震出內部熱氣，取下模具，冷卻備用。

⑱ 桌面放一張白報紙，冷卻後的年輪蛋糕從烤盤把蛋糕體倒扣出來，撕下白報紙。

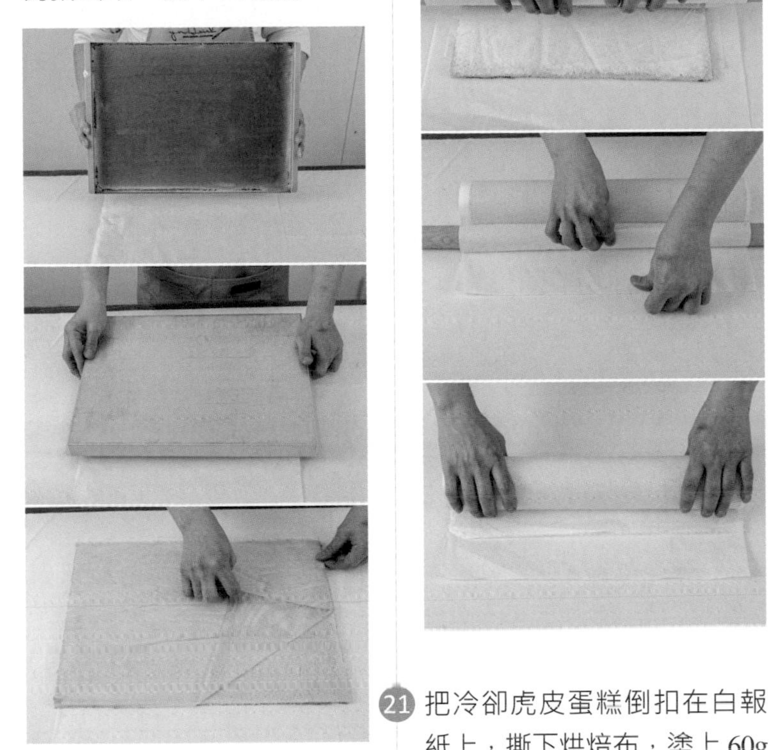

⑲ 利用抹刀塗上 100g 義式甜奶油。

⑳ 擀麵棍反向收捲白報紙，邊收捲，邊壓捲蛋糕體。妥善捲起，送入冷藏定型。

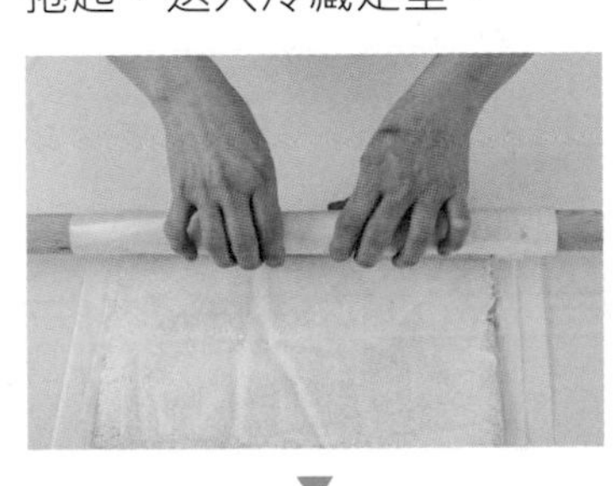

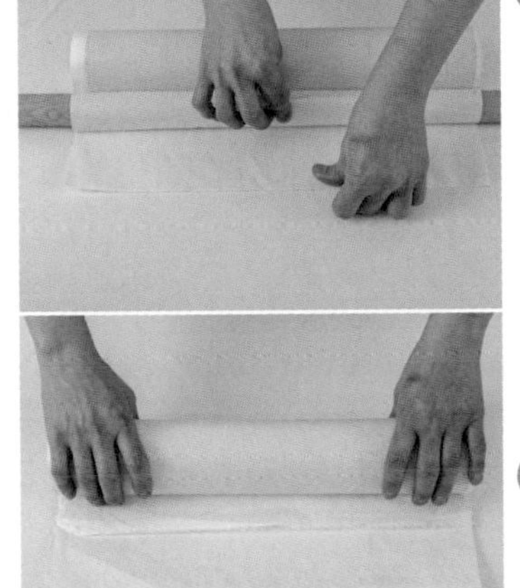

㉑ 把冷卻虎皮蛋糕倒扣在白報紙上，撕下烘焙布，塗上 60g 義式甜奶油。

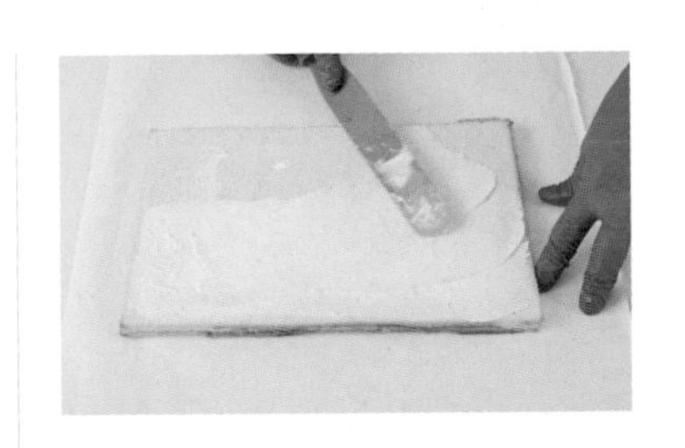

㉒ 放上作法 20 定型的年輪蛋糕，接縫對接縫。

㉓ 雙手捉住白報紙兩端，往前收捲白報紙，邊收捲，邊壓捲蛋糕體，妥善捲起，送入冷藏定型，完成。

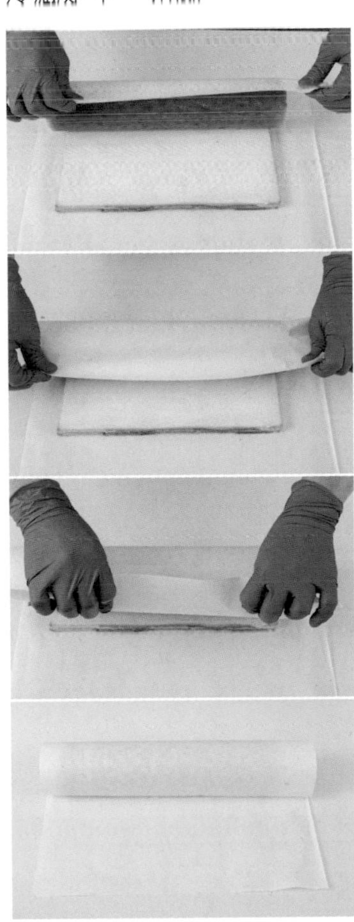

No.17

柚子卷

數量｜1 條　　模具｜長 42.8 × 寬 33 × 高 3.5 公分烤盤
保存方式｜常溫 2~3 天，冷藏 5~7 天，冷凍 10~14 天（回溫即可食用）

蛋白霜（g）

	材料	g
	新鮮蛋白（18~22°C）	300
A	細砂糖	88
A	海藻糖	38

蛋黃糊 

	材料	g
B	動物性鮮奶油	75
B	發酵無鹽奶油	110
B	蜂蜜柚子醬	200
	新鮮蛋黃	180
	低筋麵粉（過篩）	100

夾層 

材料	g
★ 義式甜奶油（P.11）	100

作法

1. **準備**：依據烤盤裁切白報紙，將白報紙放入烤盤備用。

2. **蛋黃糊**：乾淨鋼盆加入新鮮蛋黃，隔水加熱打散，小火煮至常溫 25~30°C（或蛋黃退冰至常溫），備用。

3. 乾淨鋼盆加入材料 B，用小火加熱，邊加熱邊做攪拌，煮至 70~75°C 關火。

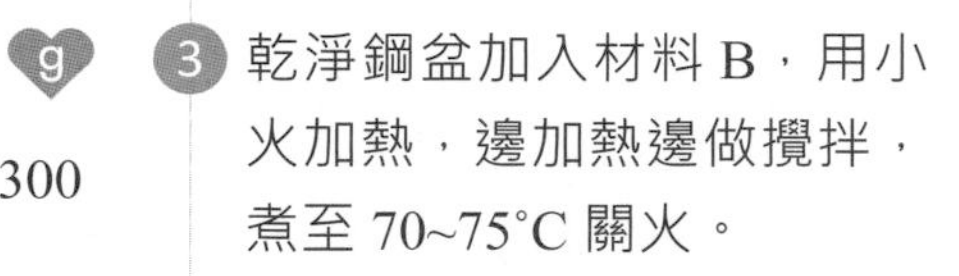

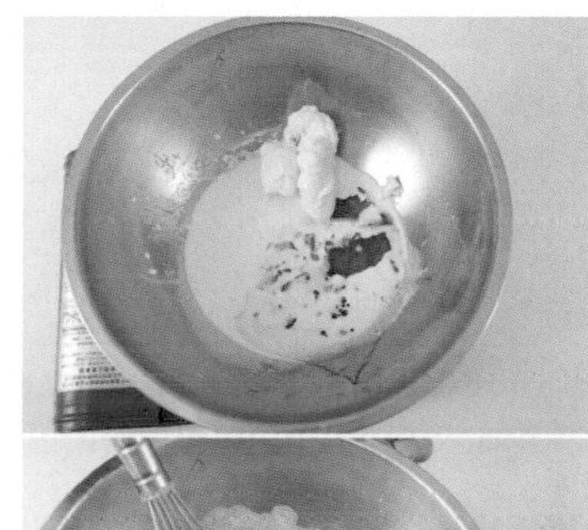

4. 加入作法 2 蛋黃拌勻，加入過篩低筋麵粉拌勻，蓋上保鮮膜，將溫度維持在 42°C（±4°C）。

★ 蓋上保鮮膜可幫助溫度維持，避免食材降溫、溫度散逸。

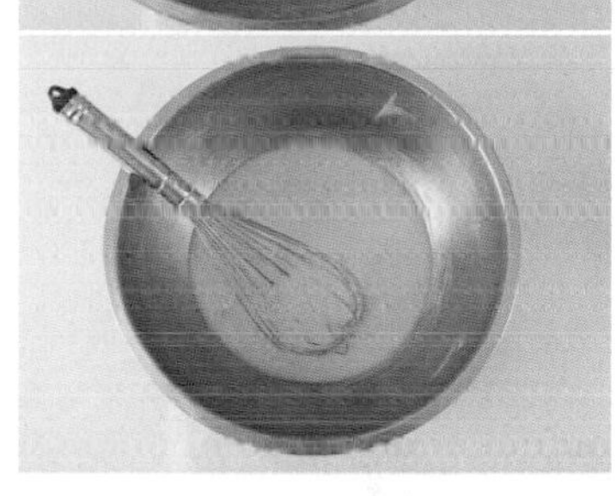

5. **蛋白霜**：乾淨攪拌缸加入新鮮蛋白，以球狀攪拌器中速打至起泡。

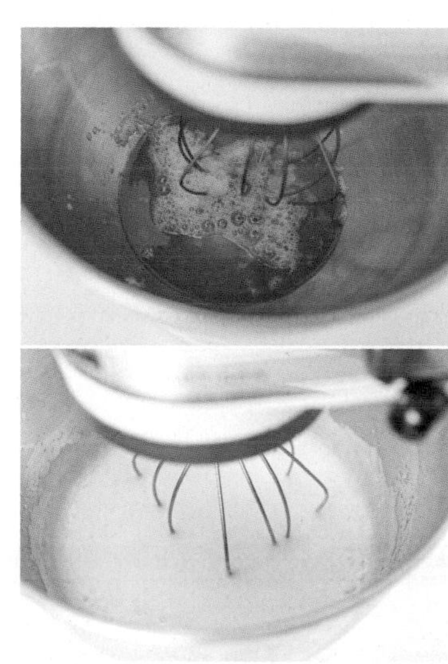

▼

6 分兩次加入材料 A，每 30 秒加一次，打至八分發。

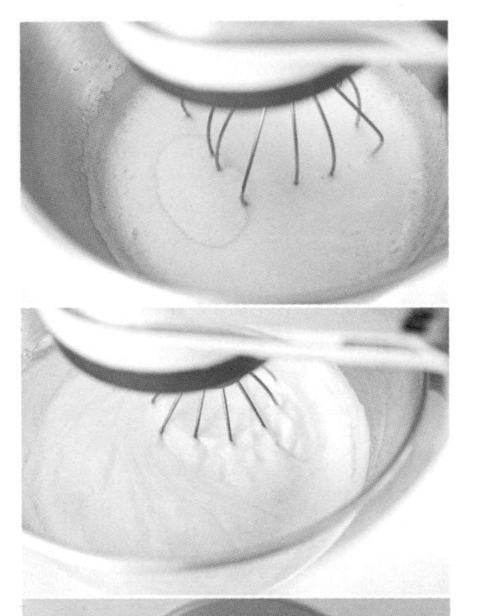

7 組合：蛋白霜一次性倒入蛋黃糊中，用打蛋器將材料大致拌勻。

8 再換上刮刀，輕柔地翻拌均勻（蟹式攪拌法，詳 P.10）。

9 倒入作法 1 已放白報紙的烤盤，用刮板抹平，在桌面輕敲兩下。

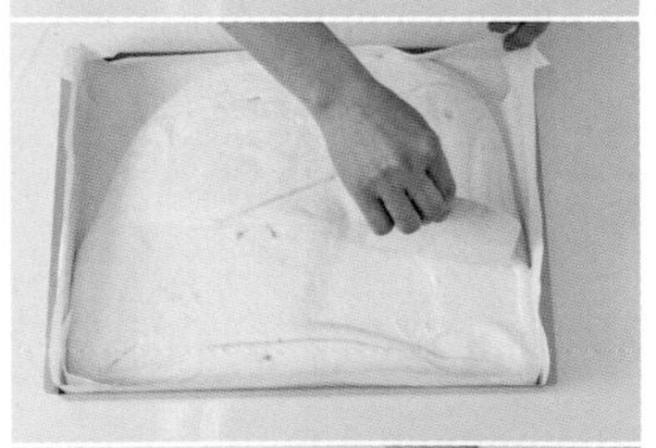

10 採水浴法烘烤，取一個淺烤盤，注入 0.5 公分常溫水，再把作法 9 蛋糕體烤盤放置正上方。

11 送入預熱好的烤箱，以上火 180°C / 下火 170°C 烤 15 分鐘。轉向，設定上火 160°C / 下火 170°C，烤 8 分鐘。

12 取出裝水的淺烤盤，再烘烤 3 分鐘。手指輕輕觸碰蛋糕，若有彈性，即可出爐。

13 出爐重敲烤盤，震出內部熱氣。

★ 震出熱氣可避免濕氣累積在蛋糕體中，造成蛋糕收縮。

★ 建議戴上手套操作，避免燙傷。

14 拉住兩端脫離烤盤，撕掉四邊白報紙，靜置放涼。

★ 一定要置於涼架，若放於桌面，蛋糕底部會累積濕氣。

▼

15 捲蛋糕：蛋糕體表面蓋上白報紙，用板子進行翻面，撕掉底部白報紙。

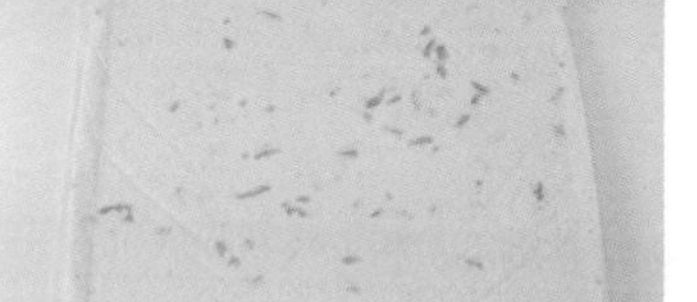

16 將撕掉的白報紙墊在底部防滑，放上白報紙、蛋糕體。（詳 P.65）

17 蛋糕體抹上 100g 義式甜奶油。

18 擀麵棍反向收捲白報紙，邊收捲，邊壓捲蛋糕體，收捲成條狀。以白報紙妥善捲起，送入冷藏定型。

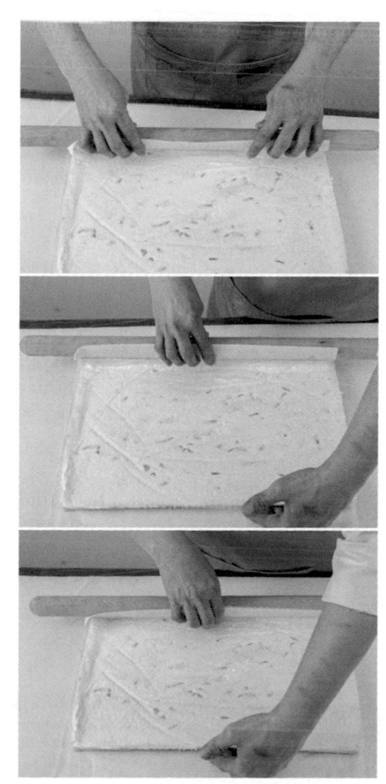

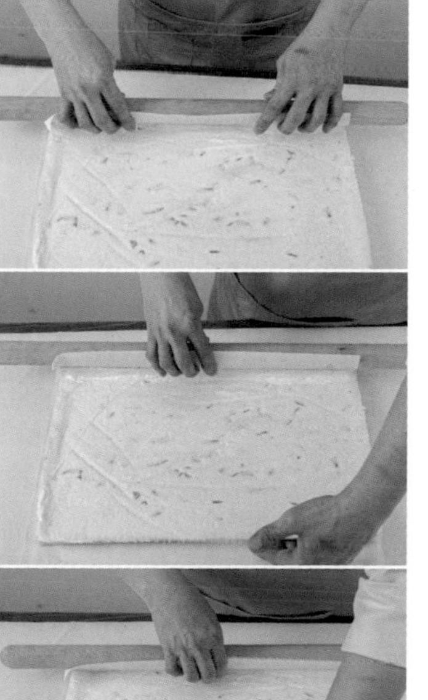

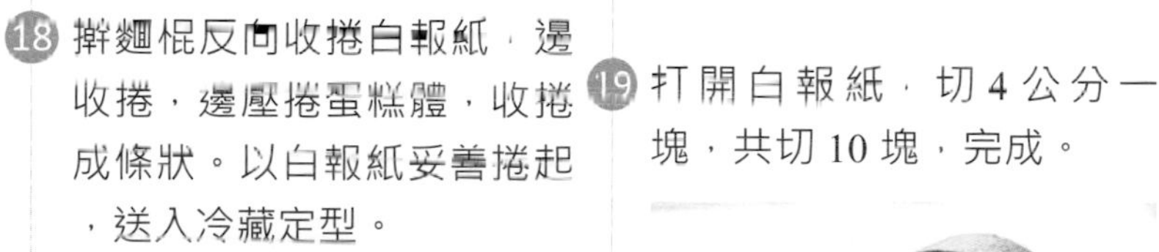

19 打開白報紙，切 4 公分一塊，共切 10 塊，完成。

No.18

大理石戚風蛋糕

數量｜1 條　　模具｜長 42.8 × 寬 33 × 高 3.5 公分烤盤

保存方式｜常溫 2~3 天，冷藏 5~7 天，冷凍 10~14 天（回溫即可食用）

蛋黃糊 g

	材料	g
A	美粒果柳橙汁（濾掉果肉）	133
	玄米油	140
	蜂蜜	28
	低筋麵粉（過篩）	225
	新鮮蛋黃	250

蛋白霜 g

	材料	g
	新鮮蛋白（18~22°C）	500
B	細砂糖	200
	海藻糖	50

巧克力糊 g

	材料	g
C	無糖可可粉（過篩）	20
	水	60

夾層 g

材料	g
★ 義式甜奶油（P.11）	100

1 **準備**：依據烤盤裁切白報紙，將白報紙放入烤盤備用。材料 C 拌勻備用。

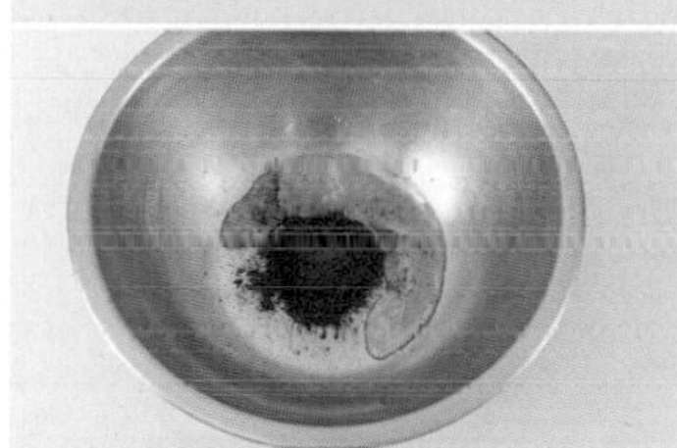

2 **蛋黃糊**：乾淨鋼盆加入新鮮蛋黃，隔水加熱打散，小火煮至常溫 25~30°C（或蛋黃退冰至常溫），備用。

3 乾淨鋼盆加入材料 A，以打蛋器拌勻，加入過篩低筋麵粉拌勻。

4 加入作法 2 蛋黃拌勻，刮鍋，蓋上保鮮膜備用。

▼

5 蛋白霜：乾淨攪拌缸加入新鮮蛋白，以球狀攪拌器中速打至起泡。

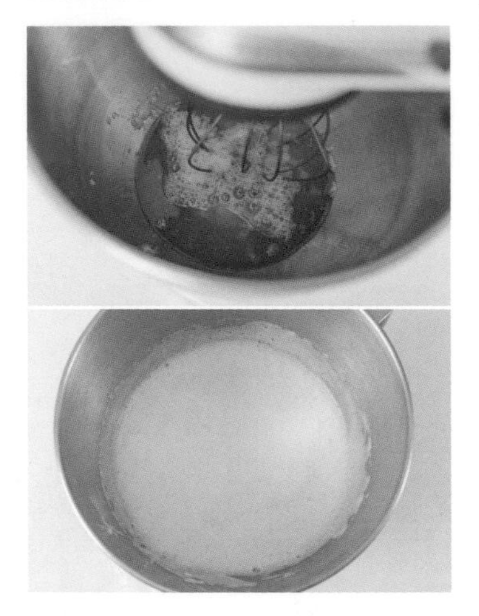

6 分兩次加入材料 B，每 30 秒加一次，打至八分發。

7 組合：蛋白霜一次性倒入蛋黃糊中，用打蛋器將材料大致拌勻。

8 再換上刮刀，輕柔地翻拌均勻（蟹式攪拌法，詳 P.10）。

9 取 240g 麵糊與材料 C 巧克力糊拌勻，裝入擠花袋備用（此為巧克力麵糊）。

★ 可以先秤 60g 與巧克力糊拌勻，避免軟硬度落差太大，不好拌。拌勻後再倒入剩餘的 180g 麵糊（共秤 240g）。

10 剩餘的原味麵糊倒入作法 1 已放白報紙的烤盤，用刮板抹平。

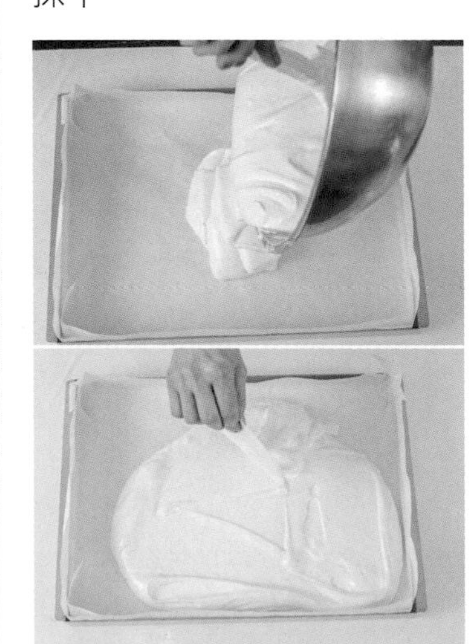

▼

11 作法 9 巧克力麵糊，由左至右擠入烤盤底部。

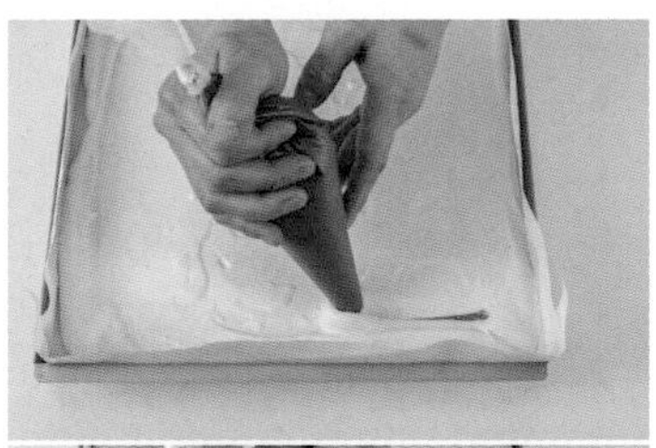
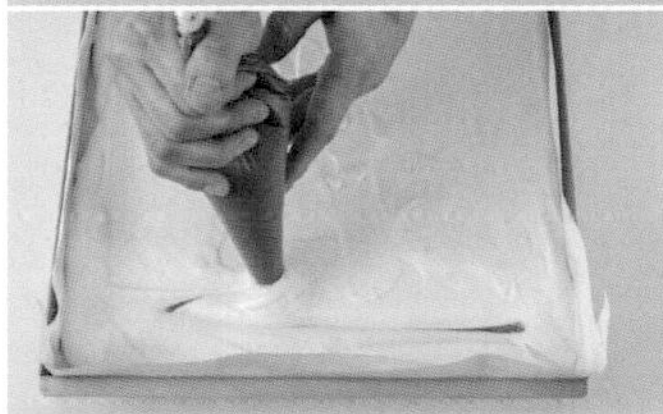
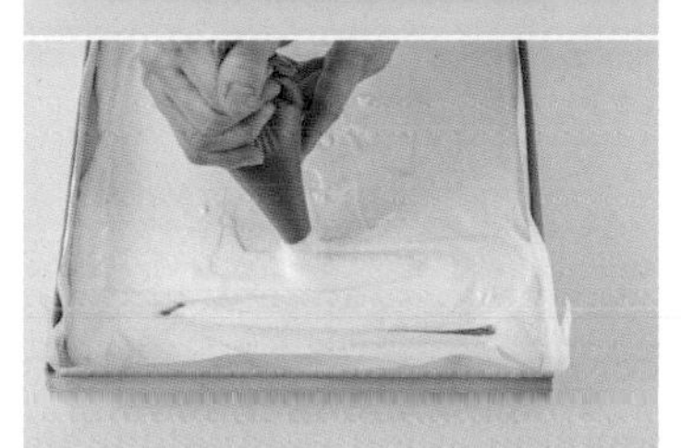
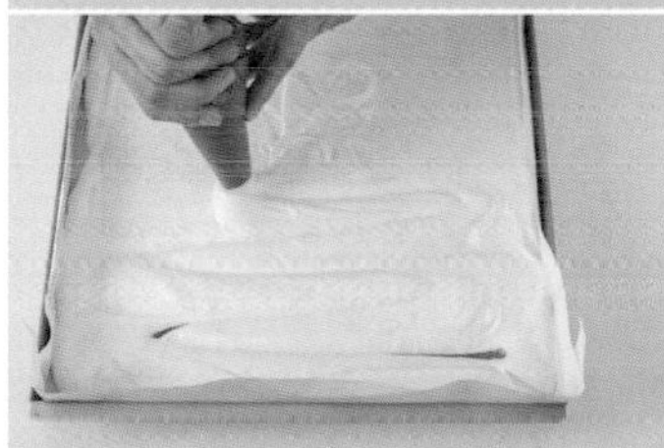
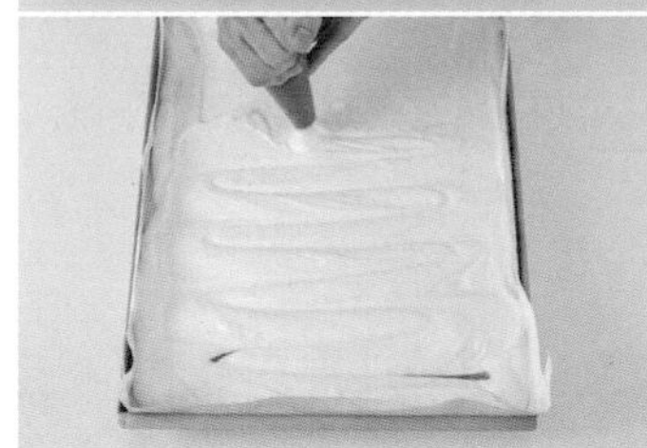

12 再用手指由上而下，劃出造型。

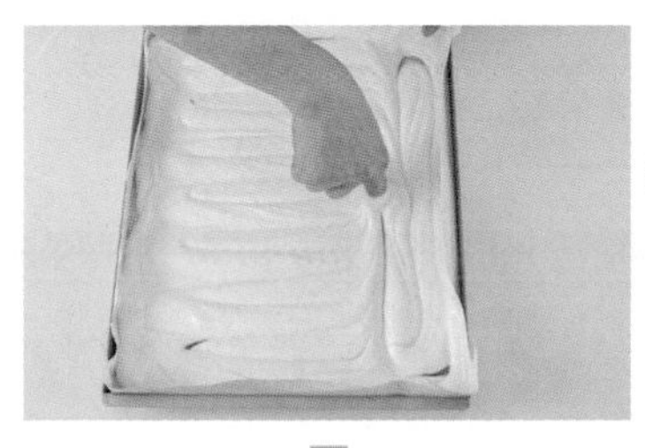

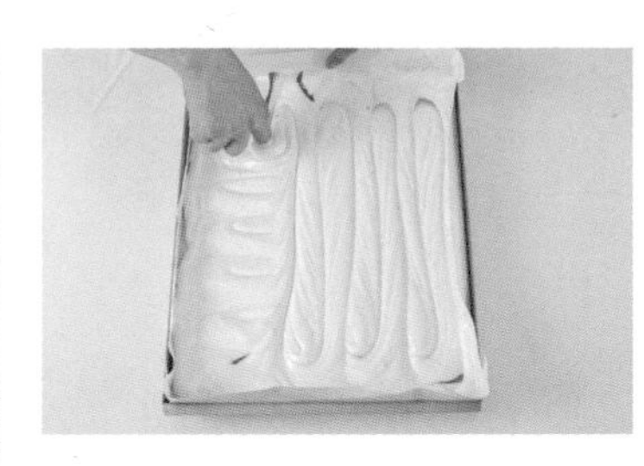

13 用刮板抹平，在桌面輕敲兩下。

14 送入預熱好的烤箱，以上火 180°C / 下火 120°C 烤 15 分鐘。轉向，設定上火 150°C / 下火 120°C，烤 25 分鐘。

15 手指輕輕觸碰蛋糕，若有彈性，即可出爐。出爐後重敲烤盤，震出內部熱氣。

★ 震出熱氣可避免濕氣累積在蛋糕體中，造成蛋糕收縮。

★ 建議戴上手套操作，避免燙傷。

16 拉住兩端脫離烤盤，撕掉四邊白報紙，靜置放涼。

★ 一定要置於涼架，若放於桌面，蛋糕底部會累積濕氣。

17 捲蛋糕：蛋糕體表面蓋上白報紙，用板子進行翻面，撕掉底部白報紙。

18 將撕掉的白報紙墊在底部防滑，放上白報紙、蛋糕體。

19 蛋糕體抹上 100g 義式甜奶油。

20 擀麵棍反向收捲白報紙，邊收捲，邊壓捲蛋糕體，收捲成條狀。以白報紙妥善捲起，送入冷藏定型。

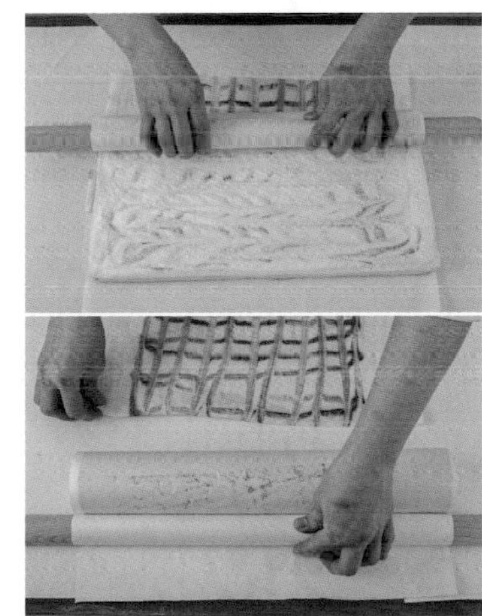

21 打開白報紙，切 4 公分一塊，共切 10 塊，完成。

No.19

巧克力卷

數量｜1 條　　模具｜長 42.8 × 寬 33 × 高 3.5 公分烤盤

保存方式｜常溫 2~3 天，冷藏 5~7 天，冷凍 10~14 天（回溫即可食用）

麵糊　g

A	全蛋	340
	細砂糖	145
	新鮮蛋黃	65
	海藻糖	25
B	低筋麵粉（過篩）	87
	玉米粉（過篩）	14
C	熱水	100
	無糖可可粉	50
	發酵無鹽奶油	75

夾層　g

★ 義式甜奶油（P.11）　160

裝飾　g

巧克力米　200

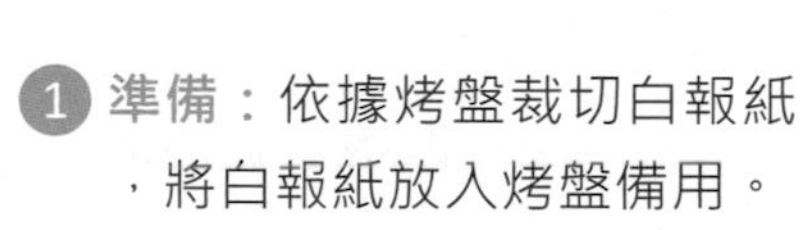

作法

1 準備：依據烤盤裁切白報紙，將白報紙放入烤盤備用。

2 麵糊：材料 C 以打蛋器拌勻，倒入常溫發酵無鹽奶油中，拌至光滑備用。

3 乾淨鋼盆加入材料 A，隔水加熱打散，小火煮至 38~42°C。

4 倒入攪拌缸，用球狀攪拌器快速打至七分發，再轉中速打至全發。

5 倒入乾淨鋼盆，加入材料 B 過篩粉類，用打蛋器拌均。

6 取少許麵糊與作法 2 拌勻。

▼

7 再倒回剩餘的作法 5 麵糊，用打蛋器拌略勻。

8 用刮刀攪拌均勻即可。(P.10)

9 可用刮刀撈少許麵糊，觀察麵糊滴落狀態。滴落後約 7~8 秒沉下，即代表完成。

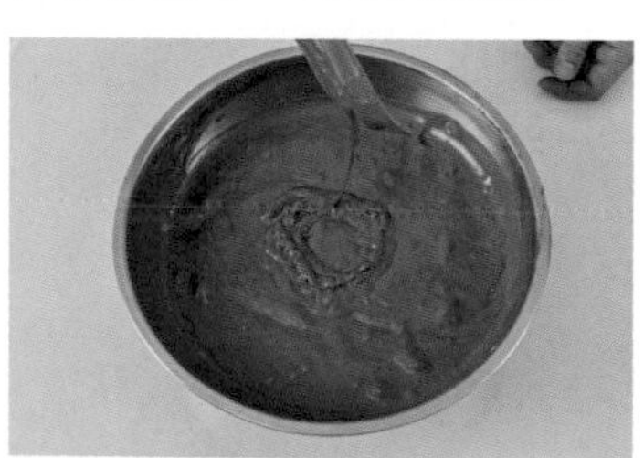

10 倒入作法 1 已放白報紙的烤盤，用刮板抹平，在桌面輕敲兩下。

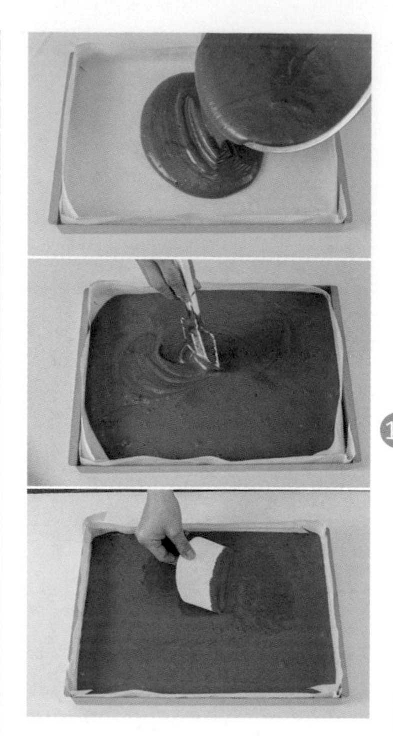

11 烤盤與白報紙縫隙可用刮板上多餘的麵糊沾合。

★ 使白報紙與烤盤貼合度更高（防止報紙往裡面凹）。

12 烘烤：送入預熱好的烤箱，以上火 200°C / 下火 170°C 烤 8 分鐘（微上色）。轉向，設定上下火 170°C，烤 10~13 分鐘。

13 手指輕輕觸碰蛋糕，若有彈性，即可出爐。出爐後重敲烤盤，震出內部熱氣。

★ 震出熱氣可避免濕氣累積在蛋糕體中，造成蛋糕收縮。

★ 建議戴上手套操作，避免燙傷。

14 蛋糕表面噴霧狀水，蓋上一張白報紙。雙手戴手套，利用烤盤進行翻面。撕下與蛋糕一同烘烤的白報紙，再蓋回去，避免蛋糕與空氣接觸過久風乾。

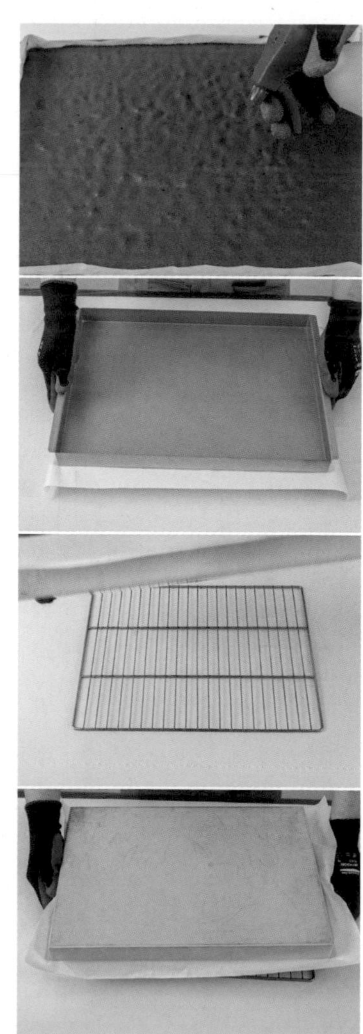

15 蛋糕體冷卻放涼，再利用板子（或烤盤）翻面，撕下與霧狀水貼合的白報紙。蛋糕量長 21 公分，裁切成 2 份。

★ 一定要置於涼架放涼，若放於桌面，蛋糕底部會累積濕氣。

★ 此時撕下白報紙，可以連帶將蛋糕去皮。

16 捲蛋糕：桌面放上白報紙、蛋糕體。

17 蛋糕體抹 50g 義式甜奶油。

18 擀麵棍反向收捲白報紙，邊收捲，邊壓捲蛋糕體，收捲成條狀。以白報紙妥善捲起，送入冷藏定型（共可捲兩條）。

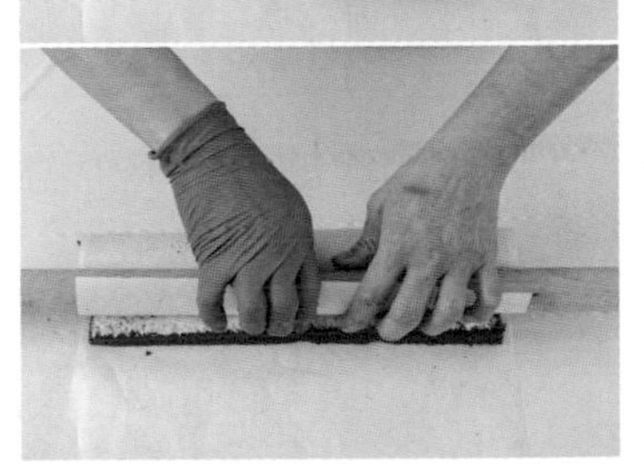

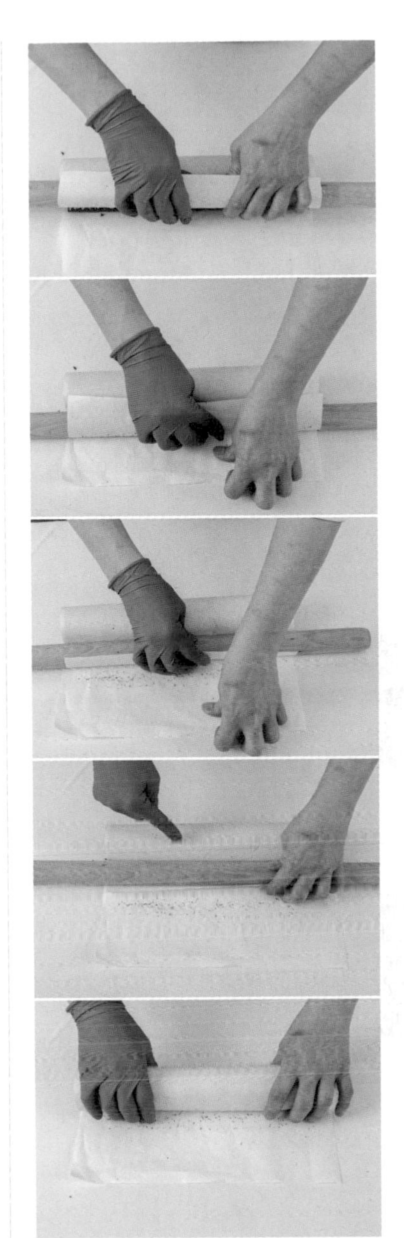

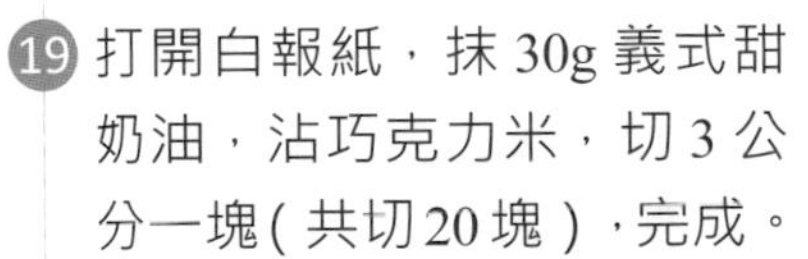

19 打開白報紙，抹 30g 義式甜奶油，沾巧克力米，切 3 公分一塊（共切 20 塊），完成。

No.20

蔥花卷

數量｜1 條　　模具｜長 42.8 × 寬 33 × 高 3.5 公分烤盤

保存方式｜常溫 2~3 天，冷藏 5~7 天，冷凍 10~14 天（回溫即可食用）

麵糊 g

A	全蛋	343
	新鮮蛋黃	55
	細砂糖	138
	鹽	少許
	低筋麵粉（過篩）	150
B	玄米油	50
	美粒果柳橙汁	33

裝飾 g

肉鬆	75
蔥花	50
熟白芝麻	8

夾層 g

肉鬆	90
桂冠沙拉醬	適量

作法

1 **準備**：依據烤盤裁切白報紙，將白報紙放入烤盤備用。

2 **麵糊**：乾淨鋼盆加入材料 A，隔水加熱打散，小火煮至 38~42°C。

3 倒入攪拌缸，用球狀攪拌器快速打至七分發，再轉中速打至全發。

4 倒入乾淨鋼盆，加入過篩低筋麵粉，用打蛋器拌均。

5 加入材料 B，用刮刀攪拌均勻即可。(P.10)

6 可用刮刀撈少許麵糊，觀察麵糊滴落狀態。滴落後約 7~8 秒沉下，即代表完成。

7 倒入作法 1 已放白報紙的烤盤，用刮板抹平，在桌面輕敲兩下。

8 烤盤與白報紙縫隙可用刮板上多餘的麵糊沾合。

★ 使白報紙與烤盤貼合度更高（防止報紙往裡面凹）。

9 表面均勻撒上肉鬆、蔥花、熟白芝麻。

10 烘烤：送入預熱好的烤箱，以上火 200°C / 下火 170°C 烤 7 分鐘（微上色）。轉向，設定上下火 170°C，烤 8~10 分鐘。

11 手指輕輕觸碰蛋糕，若有彈性，即可出爐。出爐後重敲烤盤，震出內部熱氣，略微放涼。

★ 震出熱氣可避免濕氣累積在蛋糕體中，造成蛋糕收縮。

★ 建議戴上手套操作，避免燙傷。

12 雙手捏住白報紙兩端，拖上涼架，撕掉四邊白報紙，置於涼架放涼。

★ 一定要置於涼架放涼，若放於桌面，蛋糕底部會累積濕氣。

13 表面蓋上乾淨白報紙，利用烤盤進行翻面，撕下與蛋糕一同烘烤的白報紙。

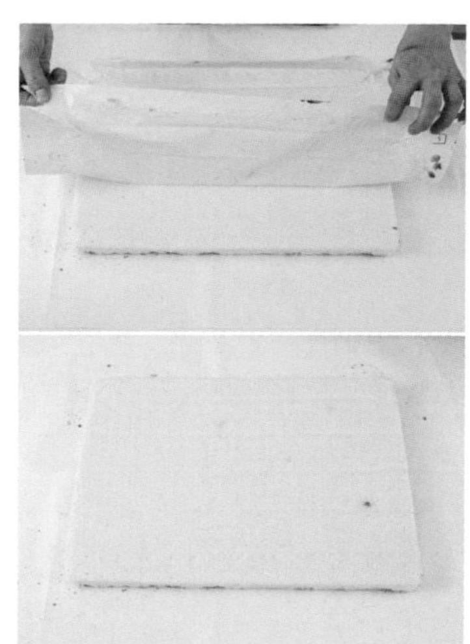

14 捲蛋糕：蛋糕量長 21 公分，裁切成 2 份。

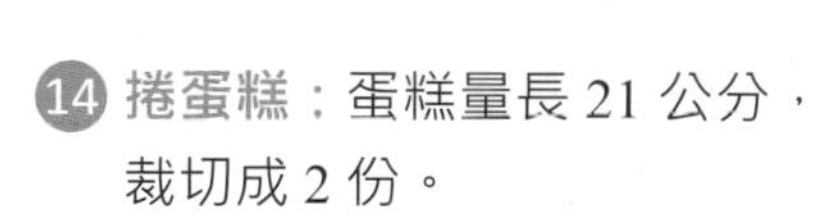

15 蛋糕體抹沙拉醬，於蛋糕體 2/3 處，均勻撒上 45g 肉鬆。

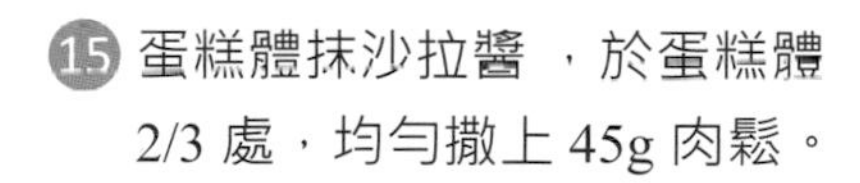

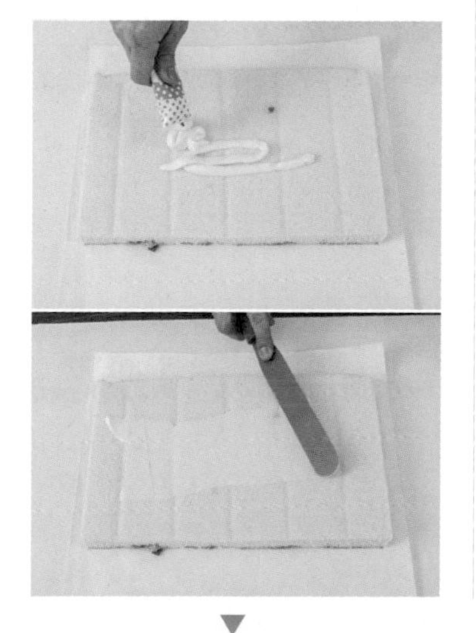

16 擀麵棍反向收捲白報紙，邊收捲，邊壓捲蛋糕體，收捲成條狀。以白報紙妥善捲起，送入冷藏定型（共可捲兩條）。

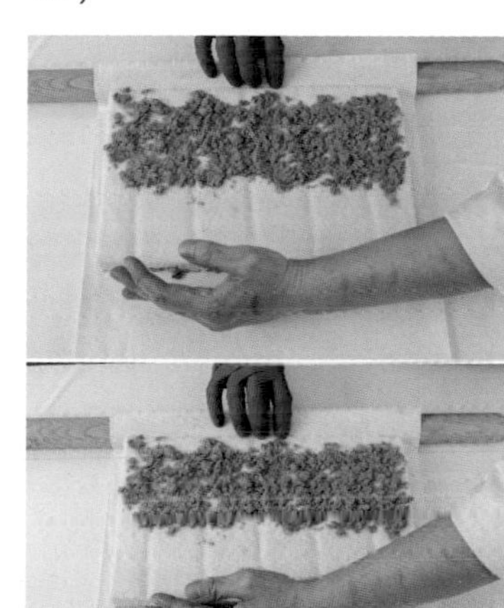

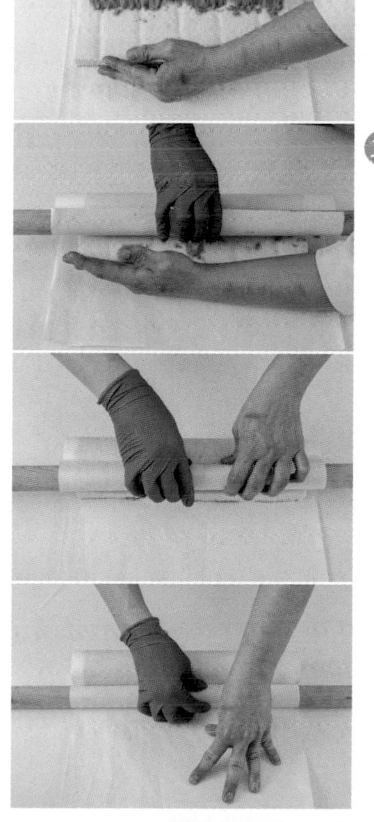

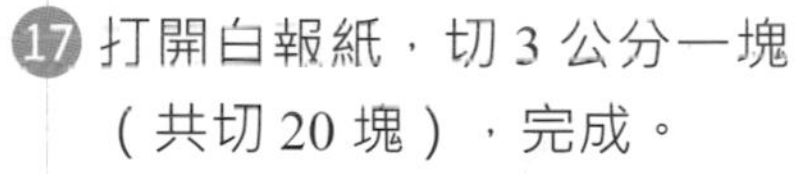

17 打開白報紙，切 3 公分一塊（共切 20 塊），完成。

No.21

蜂蜜杯

數量｜20 杯（一杯約 35g）

模具｜油力士紙杯 4.7 × 3.7 公分，編號 204 鋁箔品

保存方式｜常溫 2~3 天，冷藏 5~7 天，冷凍 10~14 天（回溫即可食用）

材料　g

A	新鮮蛋白（18~22˚C）	162
B	細砂糖	92
	玉米粉（過篩）	7
C	蜂蜜	86
	水	86
	玄米油	86
D	低筋麵粉（過篩）	108
	玉米粉（過篩）	22
	新鮮蛋黃	86

作法

1. 編號 204 鋁箔品裡，放一個油力士紙杯，共 20 杯。

2. 鋼盆加入材料 C、材料 D 拌勻，加入蛋黃拌勻，封保鮮膜備用。

▼

3. 乾淨攪拌缸加入新鮮蛋白，以球狀攪拌器快速打至起泡。

4. 再以中速分三次加入材料 B，每 30 秒加一次，打至八分發。

5. 加入作法 2，先以打蛋器略拌，再用刮刀翻拌均勻（蟹式攪拌手法，詳 P.10），倒入擠花袋備用。

6. 每杯擠 35g 麵糊，間距相等排入烤盤，進烤箱前敲 2~3 下，震出氣泡讓麵糊更加平整。

7. 送入預熱好的烤箱，以上下火 100°C 烤 25 分鐘。轉向，再烤 15 分鐘。

8. 設定上火 140°C / 下火 120°C 烤 15 分鐘。轉向，再烤 5 分鐘。

9. 設定上火 150°C / 下火 120°C 烤 20 分鐘，轉向。

10. 設定上火 160°C / 下火 150°C，再烤 5 分鐘。

11. 手指輕輕觸碰蛋糕，若有彈性，即可出爐。出爐後重敲烤盤，震出內部熱氣。

★ 震出熱氣可避免濕氣累積在蛋糕體中，造成蛋糕收縮。

★ 建議戴上手套操作，避免燙傷。

12. 取出油力士紙杯，置於涼架放涼。

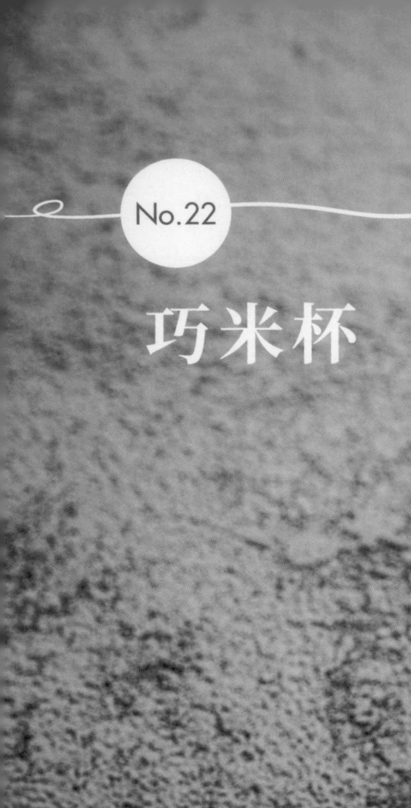

No.22

巧米杯

數量｜20 杯（一杯約 35g）

模具｜油力士紙杯 4.7 × 3.7 公分，編號 204 鋁箔品

保存方式｜常溫 2~3 天，冷藏 5~7 天，冷凍 10~14 天（回溫即可食用）

材料		g
	新鮮蛋白	195
A	細砂糖	125
	玉米粉（過篩）	7
B	全脂鮮奶	46
	玄米油	31
	發酵無鹽奶油	63
C	新鮮蛋黃	83
	低筋麵粉（過篩）	92
D	新鮮蛋黃	56
	巧克力米	33

作法

1. 編號 204 鋁箔品裡，放一個油力士紙杯，共 20 杯。

2. 乾淨鋼盆加入材料 B，中火邊拌邊煮，煮至 80°C。

3. 加入材料 C 新鮮蛋黃拌均，加入低筋麵粉拌均。

▼

4 加入材料 D 新鮮蛋黃拌勻，以保鮮膜封起備用。

★ 封保鮮膜保溫，溫度約 42°C（±4°C）。

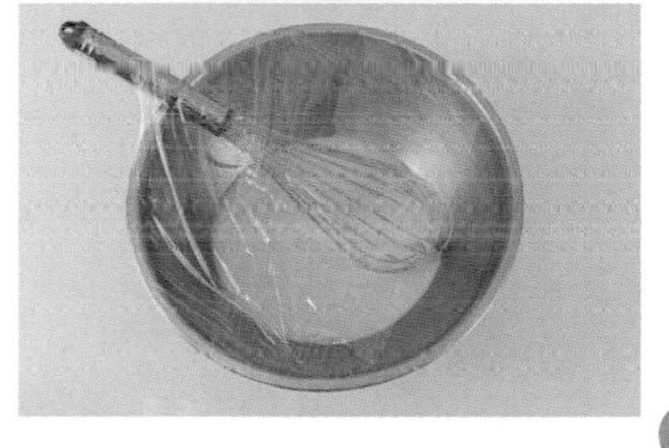

5 乾淨攪拌缸加入新鮮蛋白，以球狀攪拌器快速打至起泡。

6 再以中速分三次加入材料 A，每 30 秒加一次，打至八分發。

7 加入作法 4，先以打蛋器略拌，再用刮刀翻拌均勻（蟹式攪拌手法，詳 P.10）。

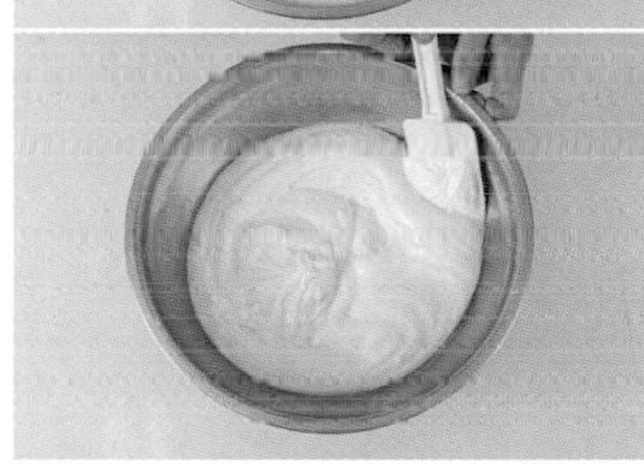

8 加入巧克力米拌勻，倒入擠花袋備用。

9 每杯擠 35g 麵糊，間距相等排入烤盤，進烤箱前敲 2~3 下，震出氣泡讓麵糊更加平整。

10 送入預熱好的烤箱，以上下火 100°C 烤 25 分鐘。轉向，再烤 15 分鐘。

11 設定上火 140°C / 下火 120°C 烤 15 分鐘。轉向，再烤 5 分鐘。

12 設定上火 150°C / 下火 120°C 烤 20 分鐘，轉向。

13 設定上火 160°C / 下火 150°C，再烤 5 分鐘。

14 手指輕輕觸碰蛋糕，若有彈性，即可出爐。出爐後重敲烤盤，震出內部熱氣。

★ 震出熱氣可避免濕氣累積在蛋糕體中，造成蛋糕收縮。

★ 建議戴上手套操作，避免燙傷。

15 取出油力士紙杯，置於涼架放涼。

PART 4

無框架主廚之作

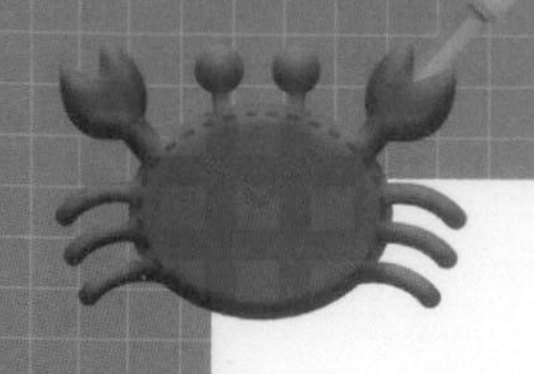

製作 6 吋餅乾底

酥脆餅乾底配方	g
不反潮酥脆餅乾粉	125
發酵無鹽奶油	3

★ 本書使用大蟹曲奇「不反潮酥脆餅乾粉」。與融化奶油混合均勻即完成，不需冰鎮、不需烘烤(當然要冷藏也是可以)。書中為了避免操作失誤，會加上「冷藏成型」之步驟。

★ 也可使用「消化餅乾」、「奇福餅乾代替。使用比例大約是餅乾 2：奶油 1。

1 發酵無鹽奶油隔水加熱融化，倒入不反潮酥脆餅乾粉中。

2 戴上手套，用手抓勻食材。

3 6 吋固定模噴上烤盤油。

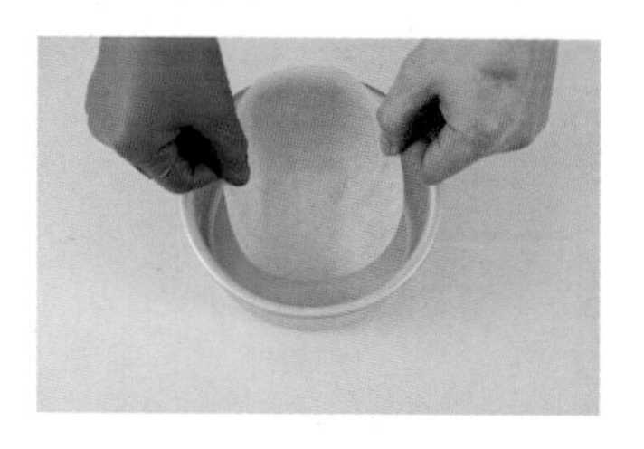

4 鋪上裁切好的圓形烤焙紙。

5 倒入酥脆餅乾底。

6 用湯匙壓平、壓緊。冷藏約 1~2 小時，冷藏至定形。

★ 使用大蟹曲奇「不反潮酥脆餅乾粉」，便可略過冷藏步驟。

塔皮的延伸變化「裝飾小方塊餅」！

塔皮裝飾小方塊餅（裝飾 4 顆成品量）	g
發酵無鹽奶油	60
細砂糖	25
海藻糖	10
全蛋液	10
低筋麵粉	85

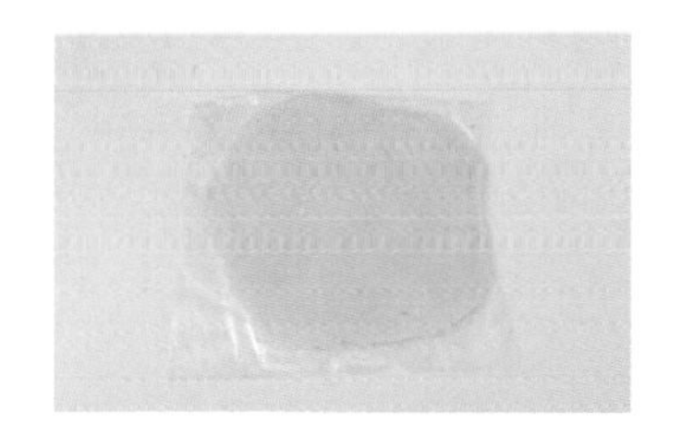

1. 參考 P.17 作法 6，完成塔皮麵團。

2. 撕開袋了，取出成型的塔皮麵團。

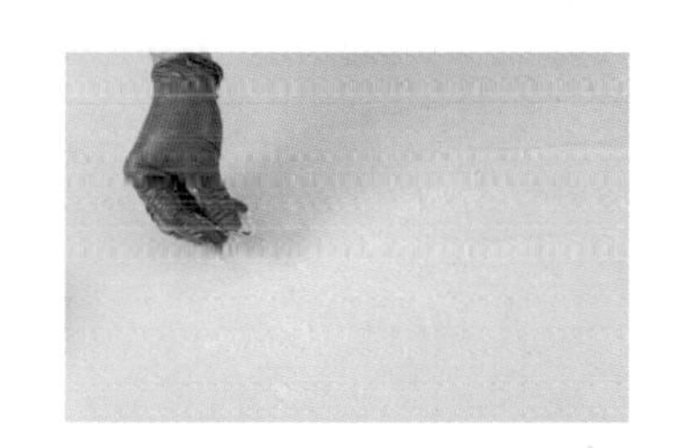

3. 桌面撒適量手粉（高筋麵粉），防止沾黏。

4. 用粗篩網過篩塑形（或用刀子裁切成正方形）。

5. 以鏟子鏟起，鬆散地放入不沾烤盤。

6. 送入預熱好的烤箱，以上火 170°C / 下火 150°C 烤 18~20 分鐘。

保存方式｜冷凍 60 天（常溫回溫後，再以上下火 180°C 烤 3~5 分鐘）

「酒漬葡萄乾」製作

配方	g
蘭姆酒	40
葡萄乾	100

★ 葡萄乾先蒸過，一方面強化口感，另一方面後續泡酒時也更容易入味。

1 葡萄乾中大火蒸透，蒸約 20 分鐘。

2 乾淨容器放入蘭姆酒、蒸透葡萄乾。

3 戴上手套抓勻，蓋上蓋子(或用保鮮膜封起)，冷藏至少 2 天以上。

保存方式｜冷藏 10~14 天，冷凍 60 天(回溫即可運用)

「酒漬蔓越莓乾」製作

配方	g
紅酒	18
蔓越莓乾	70

1 乾淨容器放入紅酒、蔓越莓乾。

2 戴上手套抓勻。

3 冷藏至少 2 天以上。

保存方式｜冷藏 10~14 天，冷凍 60 天(回溫即可運用)

「乳酪蛋糕」脫模小技巧

1 利用熱毛巾或瓦斯爐（也可以用噴槍加熱）把模具外圍進行升溫，讓蛋糕略為融化，脫離模具。

2 注意用熱毛巾要敷久一點，邊緣與底部都要敷到。

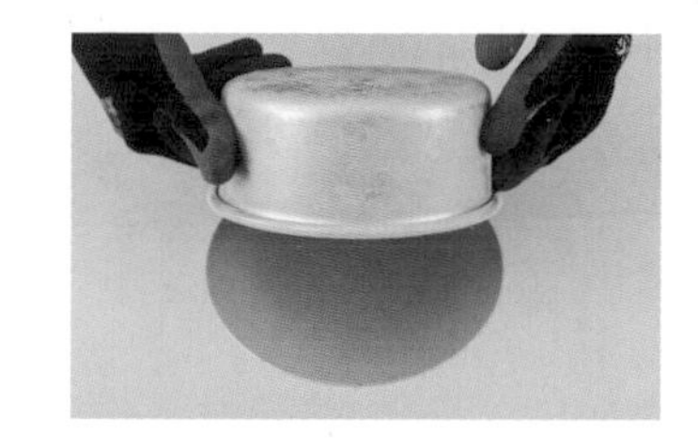

3 桌面放一張 6 吋硬紙板，倒扣模具。

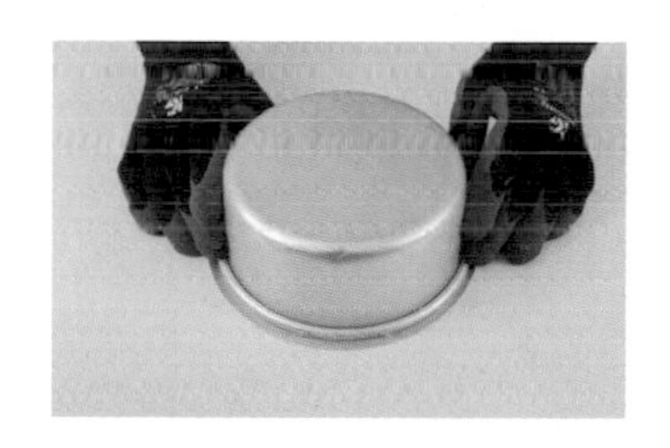

4 輕輕倒扣。

5 小心取出乳酪蛋糕。

6 蓋上一張 6 吋的硬紙板。

7 利用紙板進行翻面。

8 使餅乾底朝下。

9 拿開表面的 6 吋硬紙板，完成。

No.23

小山圓抹茶重乳酪

示範影片

數量｜6 吋 1 顆　　模具｜6 吋固定模

保存方式｜冷藏 5 天，冷凍 30 天（冷藏回溫即可食用）

酥脆餅乾底		g
	不反潮酥脆餅乾粉	125
	發酵無鹽奶油	3

乳酪糊		g
	奶油乳酪	172
	細砂糖	47
	酸奶油	43
A	低筋麵粉（過篩）	13
	抹茶粉（過篩）	8
	全蛋液	65
B	動物性鮮奶油	56
	全脂鮮奶	39
	君度橙酒	1.5

抹茶鏡面淋醬		g
C	全脂鮮奶	42
	85% 水麥芽	13
	純白巧克力	106
	吉利丁片	1
D	抹茶粉	2
	發酵無鹽奶油（融化）	1

純白線條甘納許		g
	純白巧克力	46
	動物性鮮奶油	23

裝飾		
	食用金箔	適量

1. **酥脆餅乾底：**發酵無鹽奶油隔水加熱融化，倒入不反潮酥脆餅乾粉，戴手套混合均勻。

2. 6 吋固定模噴上烤盤油，鋪上裁切好的圓形烤焙紙。

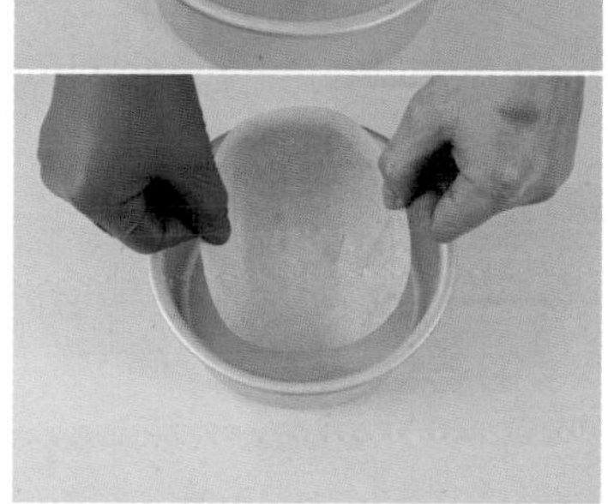

3. 倒入酥脆餅乾底，用湯匙壓平、壓緊即可。（使用大蟹曲奇「不反潮酥脆餅乾粉」便可略過冷藏步驟）。

4. **乳酪糊：**奶油乳酪室溫退冰 1~2 小時，退冰至常溫、手指壓下可輕鬆留下指痕之程度。

5. 材料 A 的低筋麵粉、抹茶粉混合過篩，倒入鋼盆。

6. 倒入一半的全蛋液，用打蛋器拌勻。再倒入剩餘全蛋液拌勻拌均，備用。

▼

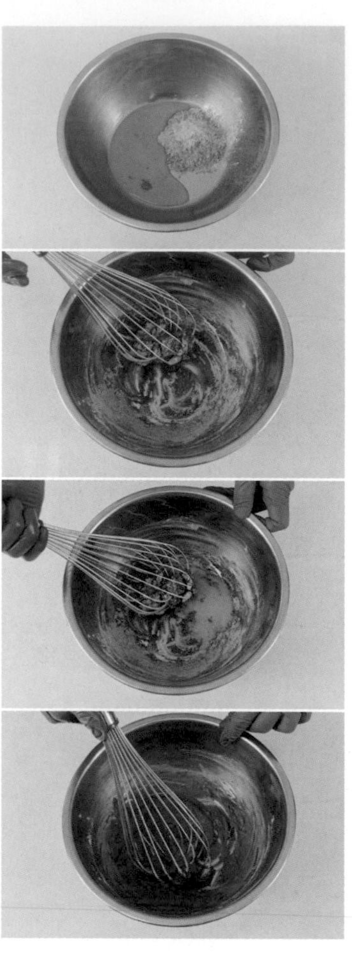

7 奶油乳酪、細砂糖放入鋼盆，用刮刀刮拌至滑順。倒入酸奶油拌勻。

8 分三次倒入作法 6 材料 A 拌勻。

9 分三次倒入材料 B 拌勻。

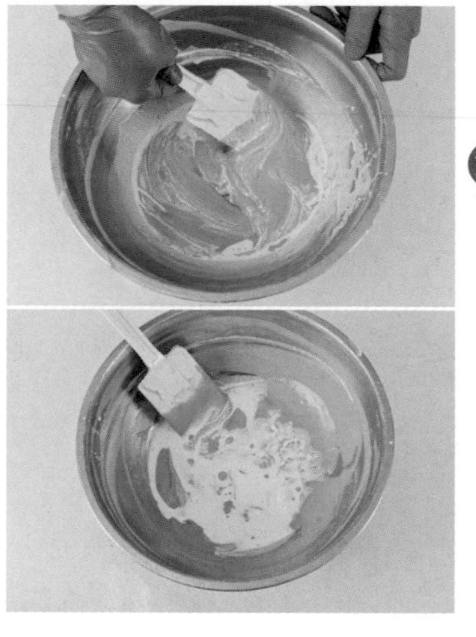

10 倒入作法 3 已壓緊酥脆餅乾底的模具裡。

11 輕敲 10 下，震出氣泡讓麵糊更加平整。

★ 桌面可以放置擰乾的抹布。

12 採水浴法烘烤，取一個深烤盤，注入 1 公分常溫水，放入作法 11 倒入麵糊的六吋模，以上下火 160°C 烤 50~60 分鐘。

13 出爐靜置冷卻，冷凍 1 小時以上。利用熱毛巾或是噴槍把模具外圍進行升溫，讓麵糊略為融化，脫離模具。取一個 6 吋硬紙板蓋上表面，再倒扣取出乳酪蛋糕。

14 去除底部烘焙紙，再取一個 6 吋硬紙板進行翻面，冷凍備用。

★ 示範時烘焙紙已先撕除，正常是倒扣後才撕掉烘焙紙。

⑮ **抹茶鏡面淋醬**：吉利丁片泡冰水，泡軟擠乾。材料 D 拌匀備用。

⑯ 雪平鍋加入材料 C 煮沸，關火，沖入純白巧克力拌均。

▼

⑰ 加入泡開擠乾的吉利丁片拌均。先取少許倒入材料 D 拌均。

⑱ 再倒回主鍋拌均，冷藏備用。

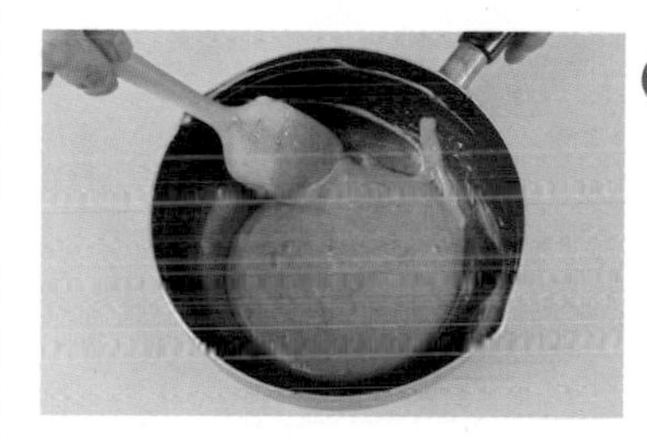

⑲ **純白線條甘納許**：動物性鮮奶油小火煮至 80°C。

⑳ 加入純白巧克力，靜置 1 ~2 分鐘，用刮刀拌匀，裝入擠花袋備用。

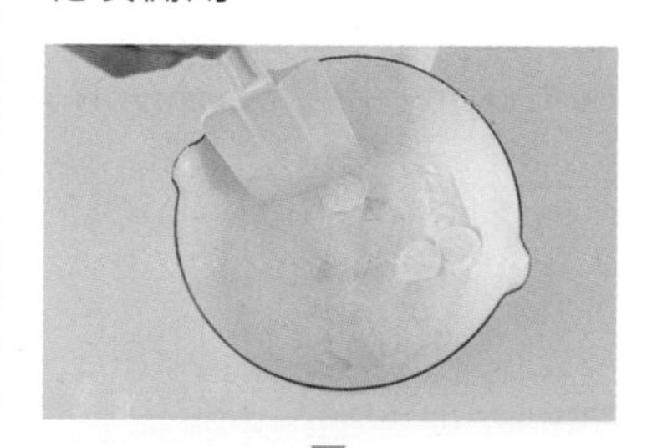

▼

㉑ **組合**：取出冷凍的 6 吋乳酪蛋糕，表面先用拼圖模具輕壓，壓出拼圖造型，再用「純白線條甘納許」勾邊。

㉒ 拼圖內側擠滿抹茶鏡面淋醬，點綴少許金箔，完成。

★ 淋面溫度保持 32~35°C，較好使用。

★ 溫度太高流性太強；溫度太低淋面會凹凸不平。

No.24

巧克力滑順重乳酪

數量｜6 吋 1 顆　　模具｜6 吋固定模、花嘴 SN7032

保存方式｜冷藏 5 天，冷凍 30 天（冷藏回溫即可食用）

酥脆餅乾底　g

不反潮酥脆餅乾粉	125
發酵無鹽奶油	3

乳酪糊　g

奶油乳酪	132
細砂糖	56
70.5% 苦甜巧克力	83
動物性鮮奶油	100
全蛋液	67

裝飾鮮奶油　g

動物性鮮奶油	60
深黑苦甜軟質巧克力	8

巧克力甘納許　g

70.5% 苦甜巧克力	25
動物性鮮奶油	25

表面裝飾

新鮮櫻桃（或酒漬櫻桃）	3 顆
防潮糖粉	少許
防潮可可粉	適量
金箔	適量
紙板插卡	適量
巧克力法式馬卡龍（P.144~145）	適量

1. **酥脆餅乾底**：發酵無鹽奶油隔水加熱融化，倒入不反潮酥脆餅乾粉，戴手套混合均勻。

2. 6 吋固定模噴上烤盤油，鋪上裁切好的圓形烤焙紙。

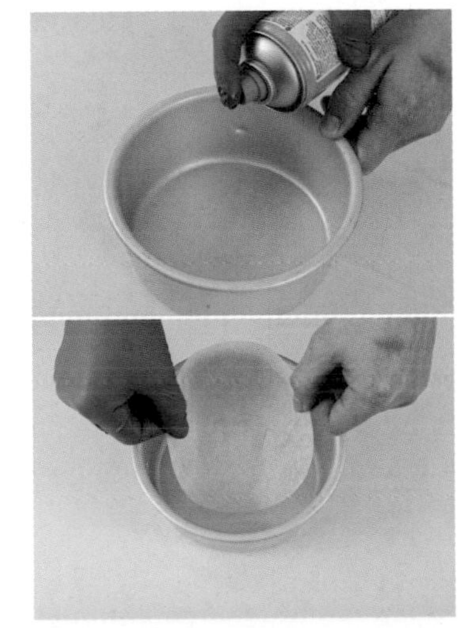

3. 倒入酥脆餅乾底，用湯匙壓平、壓緊即可。（使用大蟹曲奇「不反潮酥脆餅乾粉」便可略過冷藏步驟）。

4. **乳酪糊**：奶油乳酪室溫退冰 1~2 小時，退冰至常溫、手指壓下可輕鬆留下指痕之程度。

5. 鋼盆放入奶油乳酪、細砂糖，用刮刀刮拌至滑順。

6 70.5% 苦甜巧克力隔水加熱融化，邊加熱邊攪拌，溫度達 40°C 關火。

7 倒入作法 5 乳酪內拌勻。

8 加入動物性鮮奶油拌勻。

9 加入全蛋液拌勻。

10 倒入作法 3 已壓緊酥脆餅乾底的模具裡。

11 輕敲 10 下，震出氣泡讓麵糊更加平整。

★ 桌面可以放置擰乾的抹布。

12 採水浴法烘烤，取一個深烤盤，注入 1 公分常溫水，放入作法 11 倒入麵糊的六吋模，以上下火 160°C 烤 50 ~ 60 分鐘。

13 出爐靜置冷卻，冷凍 1 小時以上。利用熱毛巾或噴槍把模具外圍進行升溫，讓蛋糕略為融化，脫離模具。取一個 6 吋硬紙板蓋上表面，再倒扣取出乳酪蛋糕。

14 去除底部烘焙紙，再取一個 6 吋硬紙板進行翻面，冷凍備用。

★ 示範時烘焙紙已先撕除，正常是倒扣後才撕掉烘焙紙。

15 **裝飾鮮奶油：**動物性鮮奶油打至八分發。

16 取少量與深黑苦甜軟質巧克力拌勻，再倒回打發鮮奶油中，加入剩餘深黑苦甜軟質巧克力拌勻。

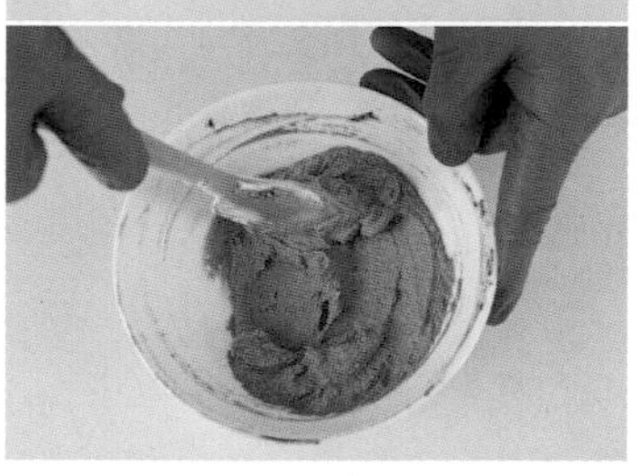

⑰ 倒入已裝好花嘴的擠花袋，冷藏備用。

⑱ **巧克力甘納許**：動物性鮮奶油中火煮至 80°C，關火。

⑲ 加入 70.5% 苦甜巧克力，靜置 1~2 分鐘，用刮刀拌勻，裝入擠花袋備用。

⑳ **組合**：取6顆巧克力法式馬卡龍，擠入少許巧克力甘納許，闔起成 3 組馬卡龍（詳 P.144~145）。

㉑ 取出冷凍的 6 吋乳酪蛋糕，放上蛋糕轉檯。

㉒ 中心點預留直徑 3~4 公分，由內而外擠螺旋狀的圓圈（使用裝飾鮮奶油）。

㉓ 表面先篩一層防潮糖粉，再篩防潮可可粉。

★ 先撒防潮糖粉隔絕濕氣，再篩防潮可可粉。如此一來即使受潮，可可粉也不會立刻濕掉。

㉔ 中心點擠上甘納許，擺 3 組巧克力法式馬卡龍、酒漬櫻桃、金箔。

★ 如果蛋糕沒有當天吃完，建議組裝好的馬卡龍底部沾少許巧克力隔離香緹鮮奶油，防止潮濕。

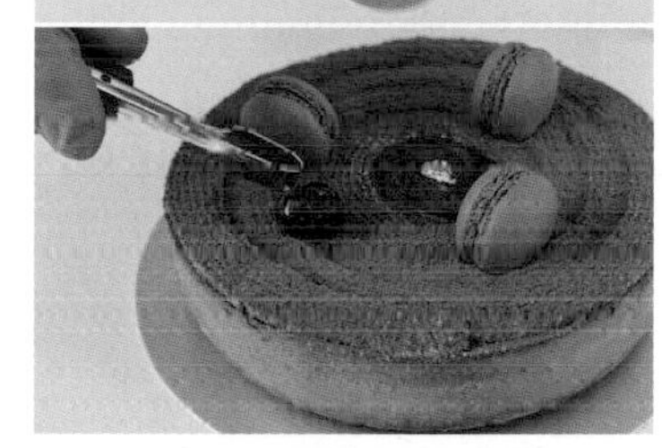

㉕ 插 1 張紙板插卡，再將蛋糕表面的粉適當撥掉，擠上巧克力甘納許。

★ 先將粉撥掉才能擠甘納許，否則甘納許擠不上去，硬擠上去了也會移動。

No.25

紅酒蔓越莓重乳酪

數量｜6 吋 1 顆　　模具｜6 吋固定模

保存方式｜冷藏 5 天，冷凍 30 天（冷藏回溫即可食用）

酥脆餅乾底 

材料	g
不反潮酥脆餅乾粉	125
發酵無鹽奶油	3

酒漬蔓越莓

材料	g
紅酒	18
蔓越莓乾	70

乳酪糊

	材料	g
	奶油乳酪	212
A	細砂糖	54
	海藻糖	9
B	低筋麵粉（過篩）	15
	全蛋液	78
C	酒漬蔓越莓	60
	君度橙酒	5

塔皮裝飾方塊（裝飾 4 顆成品量）

材料	g
發酵無鹽奶油	60
細砂糖	25
海藻糖	10
全蛋液	10
低筋麵粉	85

裝飾 

材料	g
酒漬蔓越莓	15
鏡面果膠	少許
紙板插卡	1 片

作法

1. **酥脆餅乾底**：發酵無鹽奶油隔水加熱融化，倒入不反潮酥脆餅乾粉，戴上手套混合均勻。

2. 6 吋固定模噴上烤盤油，鋪上裁切好的圓形烤焙紙。

3. 倒入酥脆餅乾底，用湯匙壓平、壓緊即可。（使用大蟹曲奇「不反潮酥脆餅乾粉」便可略過冷藏步驟）。

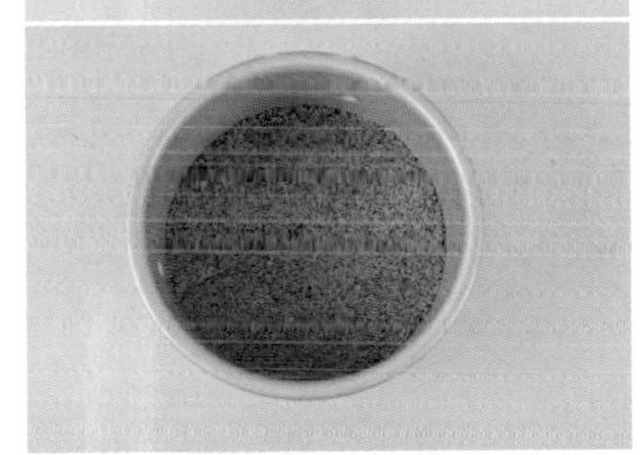

4. **酒漬蔓越莓**：乾淨容器放入紅酒、蔓越莓乾，蓋上蓋子（或用保鮮膜封起），冷藏至少 2 天以上。

5. 取 60g 切碎（切碎的與乳酪糊一同拌勻；完整的酒漬蔓越莓乾用來裝飾）。

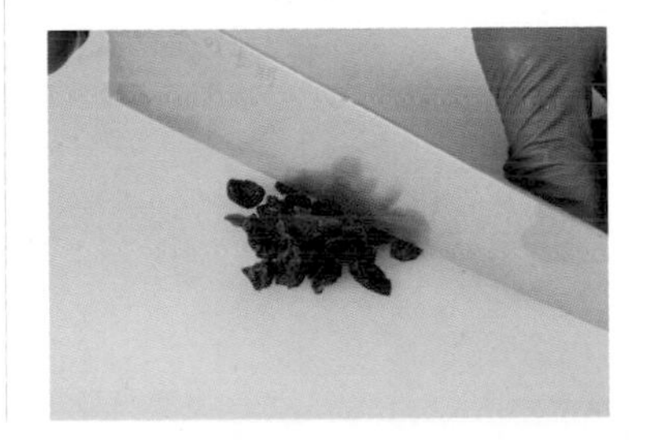

❻ **乳酪糊**：奶油乳酪室溫退冰 1~2 小時，退冰至常溫、手指壓下可輕鬆留下指痕之程度。

❼ 乾淨鋼盆加入低筋麵粉、一半的全蛋液，用打蛋器拌勻，再倒入剩餘全蛋拌勻，備用。

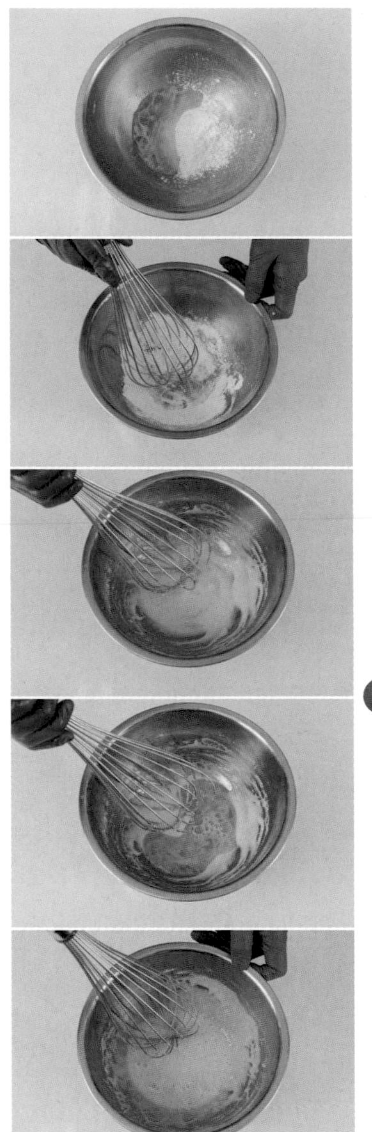

❽ 乾淨鋼盆放入軟化奶油乳酪，加入材料 A，用刮刀刮拌至滑順。

❾ 分二次加入作法 7，用刮刀刮拌至滑順均勻，避免乳酪軟硬度落差太大。

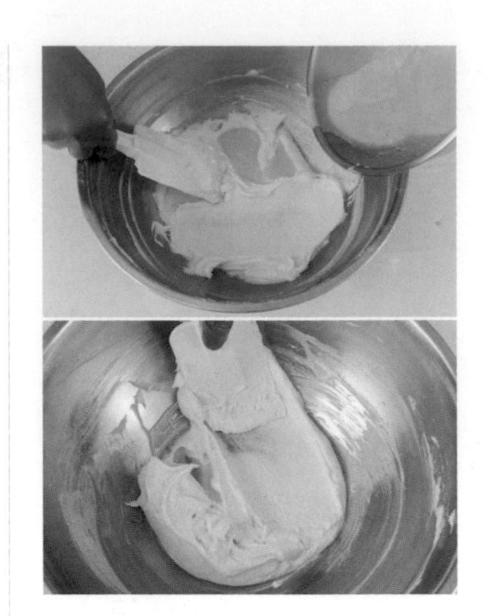

❿ 加入材料 C 翻拌均勻。

⓫ 倒入作法 3 已壓緊酥脆餅乾底的模具裡。

⓬ 輕敲 10 下，震出氣泡讓麵糊更加平整。

★ 桌面可以放置擰乾的抹布。

⑬ 採水浴法烘烤，取一個深烤盤，注入 1 公分常溫水，放入作法 12 倒入麵糊的六吋模，送入預熱好的烤箱，以上下火 160°C 烤 50~60 分鐘。

⑭ 出爐靜置冷卻，冷凍 1 小時以上。利用熱毛巾或噴槍（也可以用瓦斯爐加熱）把模具外圍進行升溫，讓蛋糕略為融化，脫離模具。取一個 6 吋硬紙板蓋上表面，再倒扣取出乳酪蛋糕。

⑮ 去除底部烘焙紙，再取一個 6 吋硬紙板進行翻面，冷凍備用。

★ 示範時烘焙紙已先撕除，正常是倒扣後才撕掉烘焙紙。

⑯ **塔皮：**參考 P.17 作法 4，完成塔皮麵團備用。

⑰ 麵團略切碎，雙手壓合成團，放入半斤袋，擀厚 0.3 公分，冷藏定型。

⑱ 取出冷藏塔皮，用粗篩網過篩塑形（或用刀子裁切成正方形）。

⑲ 送入預熱好的烤箱，以上火 170°C / 下火 150°C 烤 18~20 分鐘。

⑳ **組裝：**取出冷凍的 6 吋乳酪蛋糕，表面抹一層薄薄的鏡面果膠。

㉑ 鋪上酒漬蔓越莓、作法 19 小方塊餅，插上紙板插卡完成。

No.26

蘭姆葡萄重乳酪

數量｜6 吋 1 顆　　模具｜6 吋固定模

保存方式｜冷藏 5 天，冷凍 30 天（冷藏回溫即可食用）

酥脆餅乾底		g
	不反潮酥脆餅乾粉	125
	發酵無鹽奶油	3

酒漬葡萄乾		g
	蘭姆酒	40
	葡萄乾	100

乳酪糊		g
	奶油乳酪	212
A	細砂糖	54
	海藻糖	9
B	低筋麵粉（過篩）	15
	全蛋液	78
C	酒漬葡萄乾	60
	蘭姆酒	5

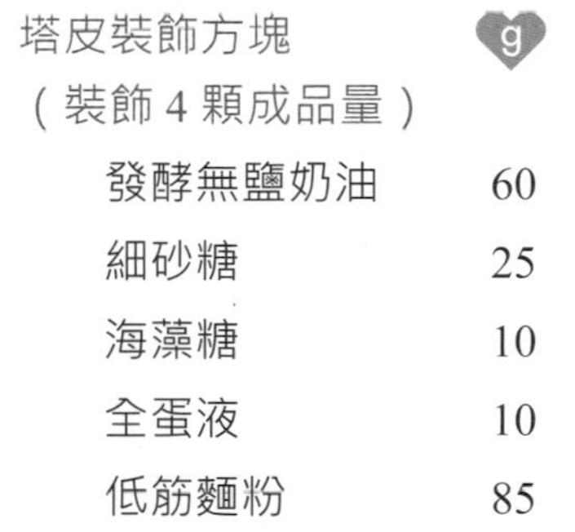

塔皮裝飾方塊（裝飾 4 顆成品量）		g
	發酵無鹽奶油	60
	細砂糖	25
	海藻糖	10
	全蛋液	10
	低筋麵粉	85

裝飾		g
	酒漬葡萄乾	15
	鏡面果膠	少許
	紙板插卡	1 片

作法

1. **酥脆餅乾底：**發酵無鹽奶油隔水加熱融化，倒入不反潮酥脆餅乾粉，戴手套混合均勻。

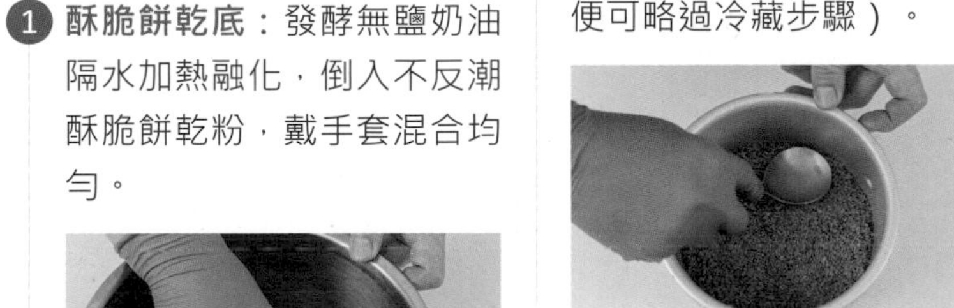

2. 6 吋固定模噴上烤盤油，鋪上裁切好的圓形烤焙紙。

3. 倒入酥脆餅乾底，用湯匙壓平、壓緊即可。（使用大蟹曲奇「不反潮酥脆餅乾粉」便可略過冷藏步驟）。

4. **酒漬葡萄乾：**葡萄乾中大火蒸透，蒸約 20 分鐘。乾淨容器放入蘭姆酒、泡開葡萄乾，蓋上蓋子（或用保鮮膜封起），冷藏至少 2 天以上。

★ 葡萄乾先蒸過，一方面強化口感，另一方面後續泡酒時也更容易入味。

▼

5 取 60g 切碎（切碎的與乳酪糊一同拌勻；完整的酒漬葡萄乾用來裝飾）。

6 **乳酪糊**：奶油乳酪室溫退冰1~2 小時，退冰至常溫、手指壓下可輕鬆留下指痕之程度。

7 乾淨鋼盆加入低筋麵粉、一半的全蛋液，用打蛋器拌勻，再倒入剩餘全蛋拌勻，備用。

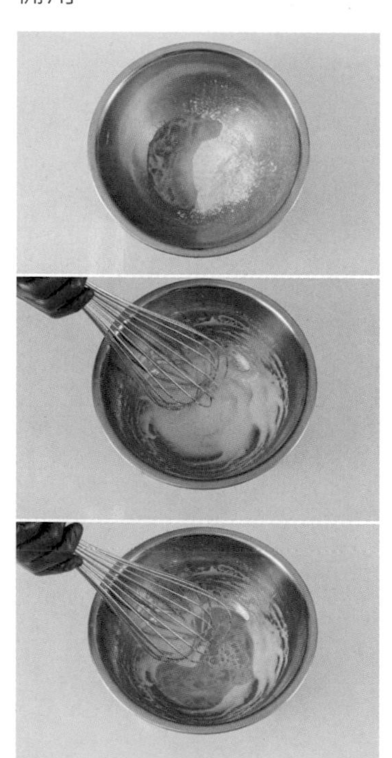

8 乾淨鋼盆放入軟化奶油乳酪，加入材料 A，用刮刀刮拌至滑順。

9 分二次加入作法 7，用刮刀刮拌至滑順均勻，避免乳酪軟硬度落差太大。

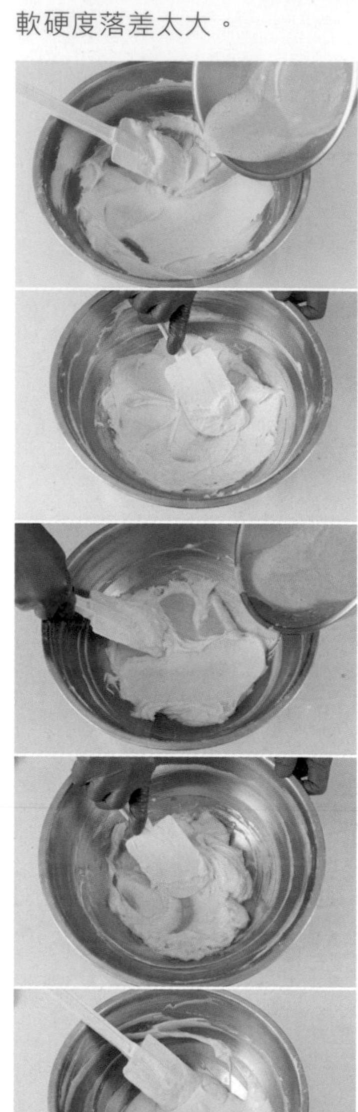

10 加入 60g 切碎酒漬葡萄乾翻拌均勻。

11 加入蘭姆酒翻拌均勻。

12 倒入作法 3 已壓緊酥脆餅乾底的模具裡。

13 輕敲 10 下，震出氣泡讓麵糊更加平整。

★ 桌面可以放置擰乾的抹布。

14 採水浴法烘烤，取一個深烤盤，注入 1 公分常溫水，放入作法 13 倒入麵糊的六吋模，送入預熱好的烤箱，以上下火 160°C 烤 50~60 分鐘。

15 出爐靜置冷卻，冷凍 1 小時以上。利用熱毛巾或噴槍（也可以用瓦斯爐加熱）把模具外圍進行升溫，讓蛋糕略為融化，脫離模具。取一個 6 吋硬紙板蓋上表面，再倒扣取出乳酪蛋糕。

16 去除底部烘焙紙，再取一個 6 吋硬紙板進行翻面，冷凍備用。

★ 示範時烘焙紙已先撕除，正常是倒扣後才撕掉烘焙紙。

17 **塔皮：**參考 P.17 作法 4，完成塔皮麵團備用。

18 麵團略切碎，雙手壓合成團，放入半斤袋，擀厚 0.3 公分，冷藏定型。

19 取出冷藏塔皮，用粗篩網過篩塑形（或用刀子裁切成正方形）。

20 送入預熱好的烤箱，以上火 170°C / 下火 150°C 烤 18~20 分鐘。

21 **組裝：**取出冷凍的 6 吋乳酪蛋糕，表面抹一層薄薄的鏡面果膠。

22 鋪上酒漬葡萄乾、作法 20 小方塊餅，插上紙板插卡完成。

No.27

主廚摩卡奶酪

數量｜4 杯

模具｜透明布丁杯 GD6061（直徑 6 × 高 6 公分 / 180c.c.）
❶ 比重杯 AHA100
❷ 器具 SN3824 菊花模直徑 5 公分（裝飾用）
❸ 器具 SN3828 菊花模直徑 6.8 公分（裝飾用）
❹ 咖啡豆壓克力模

保存方式｜冷藏 5 天

奶酪 

	材料	g
A	黑咖啡液	75
	巧克力鮮奶（A）	50
	細砂糖	62
	吉利丁片	10
	巧克力鮮奶（B）	250
	動物性鮮奶油	250
	蘭姆酒	3

香緹鮮奶油 

	材料	g
B	動物性鮮奶油	75
	細砂糖	6

造型巧克力 

材料	g
非調溫牛奶巧克力	50

裝飾

材料	份量
酒漬櫻桃（或新鮮藍莓）	4 顆
彩色糖珠	少許
防潮糖粉	少許
防潮可可粉	少許
鏡面果膠	少許
金箔、金粉、銀粉	少許

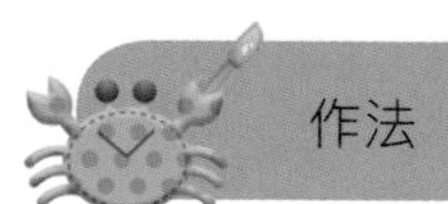

作法

1 **奶酪**：吉利丁片泡冰水，泡軟擠乾。

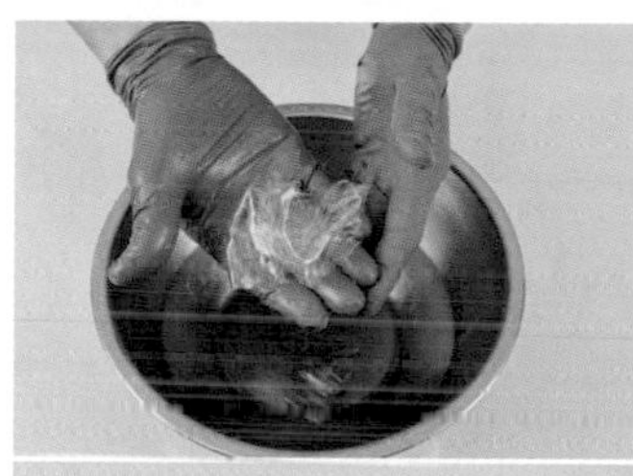

2 鋼盆加入材料 A 中火加熱，邊煮邊用打蛋器拌勻，煮至 60~70°C 熄火。

3 加入泡軟擠乾吉利丁片拌勻。

4 加入巧克力鮮奶（B）拌勻。

5 加入動物性鮮奶油拌勻。

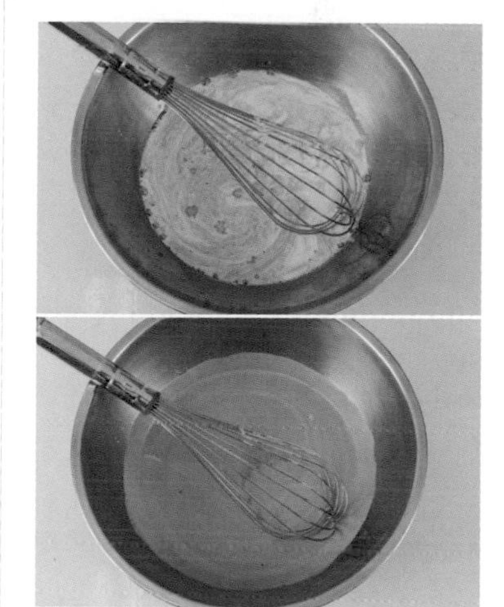

6 加入蘭姆酒拌勻，以細篩網過篩。

7. 注入杯模中，每杯約 170c.c.，用竹籤將表面小氣泡戳破（或者用噴槍快速將氣泡燒破）。

8. 冷藏 2 小時至奶酪成型。

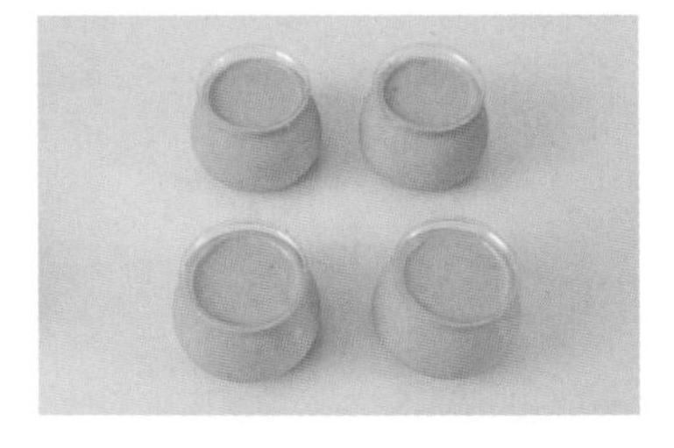

9. **香緹鮮奶油**：乾淨容器加入材料 B，用球狀攪拌器中速打至八分發，抹入圓形模具（比重杯 AHA100），冷藏塑形，備用。

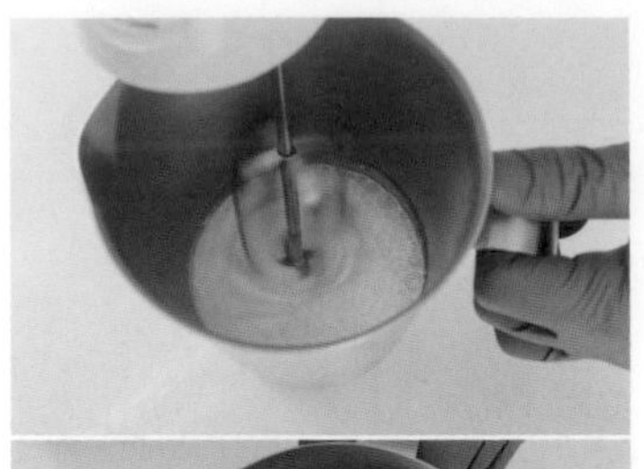

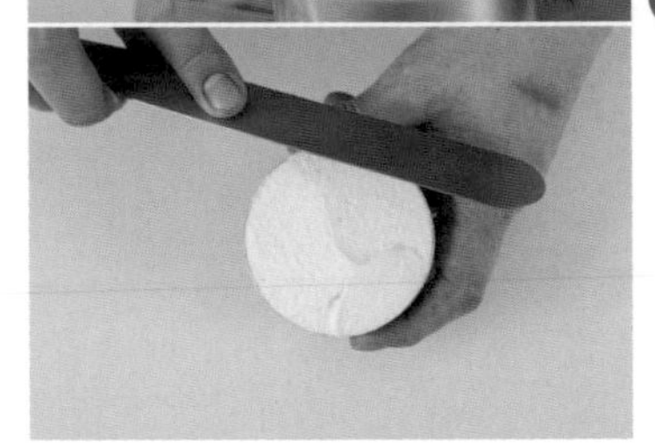

10. **造型巧克力**：製作「巧克力菊花圈」，非調溫牛奶巧克力隔水加熱，融化成液態，溫度約 40~45°C。

11. 桌面鋪上透明片，倒入融化巧克力，以抹刀抹平，靜置放涼，使其凝固成薄片。

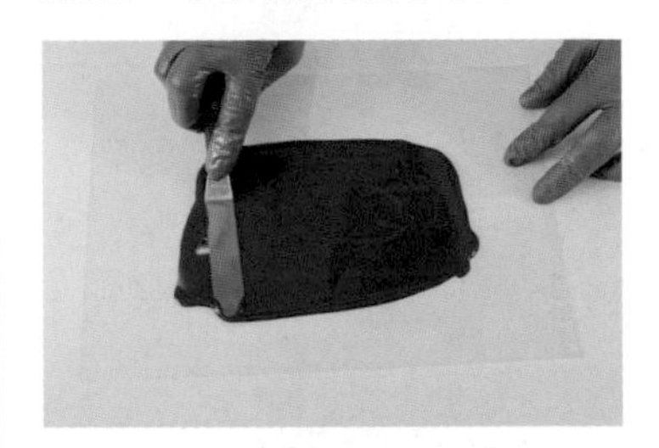

12. 用兩種大小的菊花模壓模，壓出中空的菊花圈造型片，共壓 4 片備用。

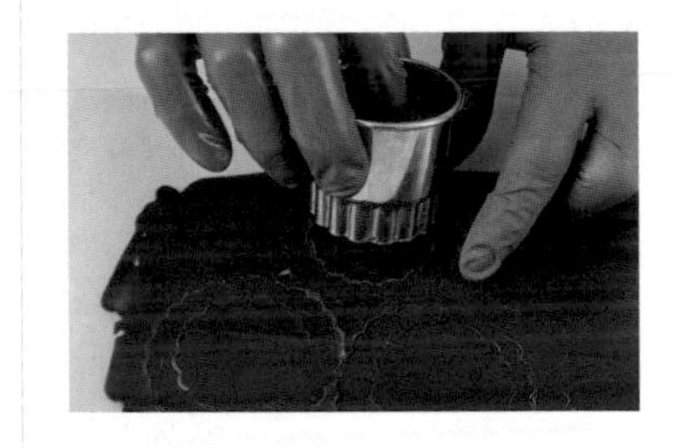

13. 製作「網狀巧克力及咖啡豆巧克力」，剩餘的非調溫牛奶巧克力再次隔水加熱，融化成液態，溫度約 40~45°C。

14. 倒入三明治袋，在烘焙紙上擠網狀（或冰凍後的模具，可幫助塑形）。

15 剩餘擠入咖啡豆壓克力模，共 8 顆，冷藏塑形。塑形後取出，分別刷上金粉、銀粉。

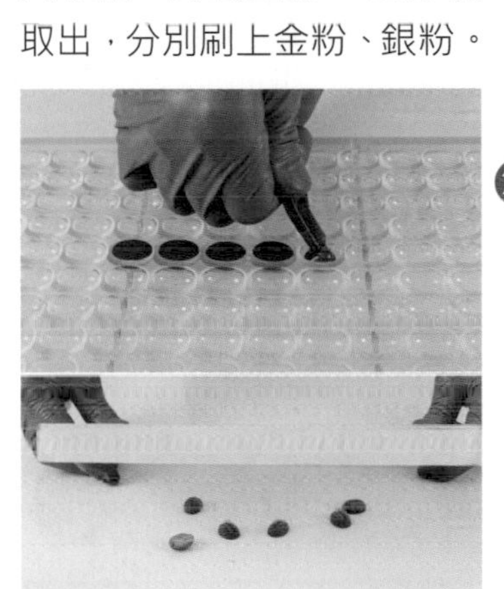

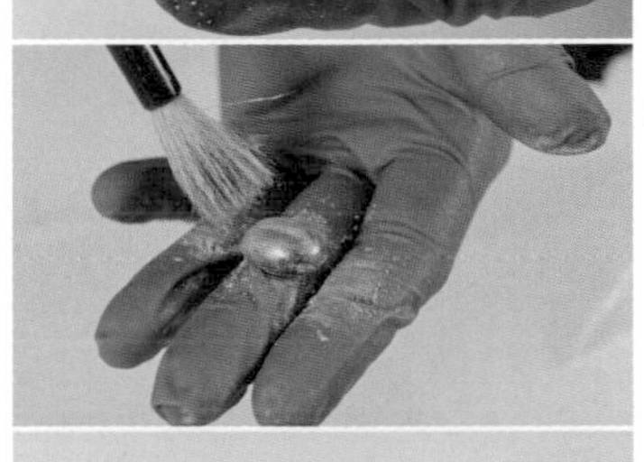

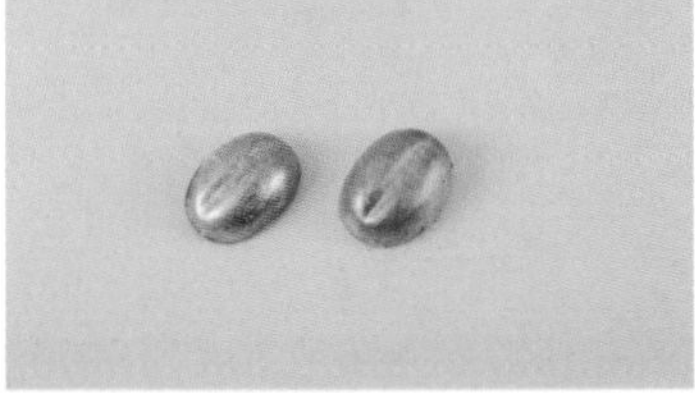

16 組合：小湯匙用噴槍加溫，挖一勺香緹鮮奶油（成橢圓雞蛋形狀），放入作法 8 成型的奶酪。

17 篩少許防潮可可粉。鏡面果膠裝入三明治袋，在奶酪杯口擠上一圈。

18 放上巧克力菊花圈、其他裝飾食材。

★ 裝飾品接合處皆需用鏡面果膠固定。

PART 5

簡單
極致美味

製作餅乾底

配方	g
不反潮酥脆餅乾粉	168
發酵無鹽奶油	4

★ 本書使用大蟹曲奇「不反潮酥脆餅乾粉」。與融化奶油混合均勻即完成，不需冰鎮、不需烘烤（當然要冷藏也是可以）。書中為了避免操作失誤，會加上「冷藏成型」之步驟。

★ 也可使用「消化餅乾」、「奇福餅乾代替。使用比例大約是餅乾 2：奶油 1。

1 發酵無鹽奶油隔水加熱融化。鋼盆倒入不反潮酥脆餅乾粉。

2 加入融化的發酵無鹽奶油。

3 戴手套混合均勻。

4 抓勻至無明顯顆粒。

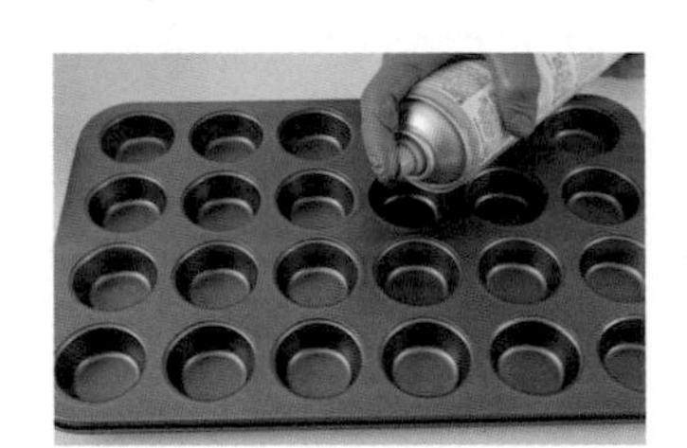

5 模具噴烤盤油。

6 放入 7g 餅乾底。

7 此時材料會呈現鬆散狀。

8 運用手邊形狀適當的工具。

9 壓平酥脆餅乾底，冷藏約 1~2 小時，冷藏至定形。

自製濃縮咖啡液

配方		g
A	細砂糖	150
	飲用水	38
B	摩卡即溶咖啡粉	112
	飲用熱水	100

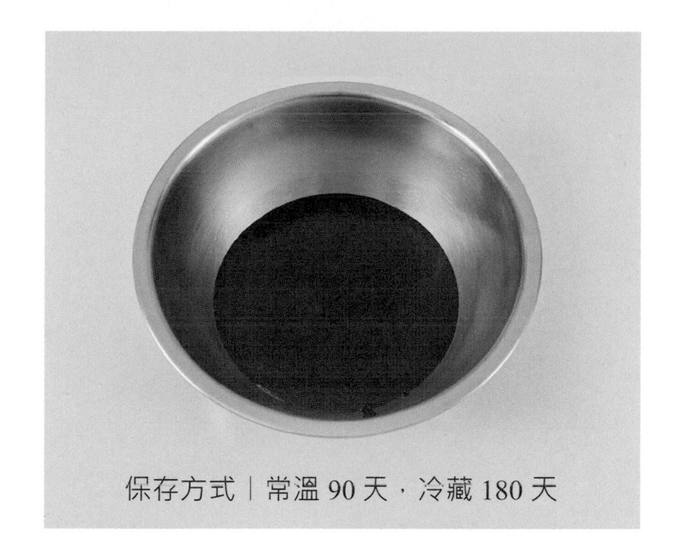

保存方式｜常溫 90 天，冷藏 180 天

1 雪平鍋加入材料 A，中火加熱。

2 不能攪拌，也不能有冷空氣（電風扇也不行），否則會反砂。

3 慢慢的邊緣會泛出滾沸泡泡，量測溫度。

4 煮至 180°C，熄火。

5 鋼盆加入材料 B。

6 以打蛋器快速拌勻。

7 加入作法 4。

8 邊加邊拌勻。

9 咖啡液過篩至乾淨容器，放涼即可使用。

No.28

巴黎小乾酪

數量｜24 個

模具｜24 孔迷你不沾蛋糕模

烤盤長 38 × 寬 26 公分

杯體上口徑 4.7 × 高 2 × 底徑 3 公分

保存方式｜常溫 2~3 天，冷藏 5~7 天，冷凍 10~14 天（回溫即可食用）

酥脆餅乾底（取 7g）

	g
不反潮酥脆餅乾底	168
發酵無鹽奶油	4

乳酪糊（填充 18g）

	g
奶油乳酪	372
細砂糖	31
新鮮蛋黃	31
白蘭地	4

裝飾

奶油乳酪丁	適量

作法

1. **準備**：奶油乳酪室溫退冰 1~2 小時，退冰至常溫、手指壓下可輕鬆留下指痕之程度。

2. **酥脆餅乾底**：發酵無鹽奶油隔水加熱融化，倒入不反潮酥脆餅乾粉，戴上手套混合均勻。

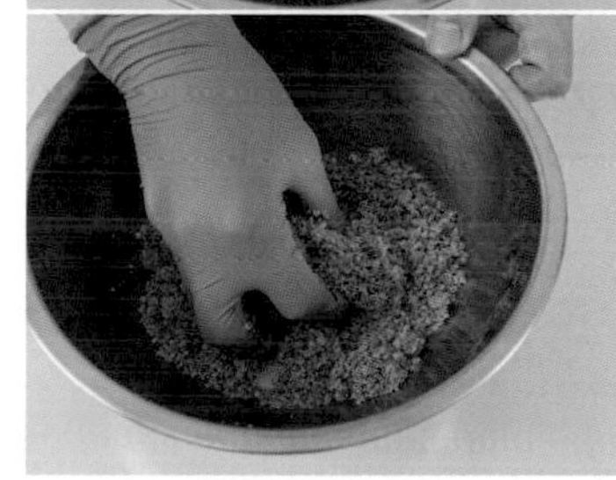

3. 模具噴烤盤油，放入 7g 餅乾底。運用手邊形狀適當的工具，壓緊即可。（使用大蟹曲奇「不反潮酥脆餅乾粉」便可略過冷藏步驟）。

▼

4 **乳酪糊**：鋼盆放入奶油乳酪、細砂糖，用刮刀刮拌至滑順。

5 加入新鮮蛋黃拌勻。

6 加入白蘭地拌勻。

7 裝入擠花袋。

8 **組合**：填充 18g 至作法 3 模具，輕敲三下，震出氣泡讓麵糊更加平整。

9 中心壓入奶油乳酪丁。

10 送入預熱好的烤箱，以上火 210°C / 下火 170°C，烤 8 分鐘。轉向，烤箱門開小縫（門縫夾手套），設定上下火 0°C，烤 17 分鐘。

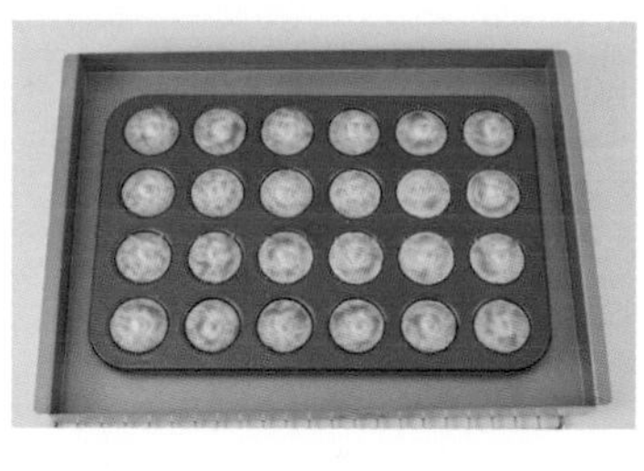

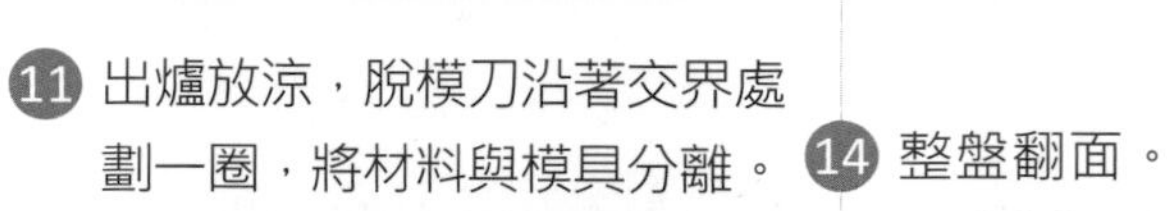

⑪ 出爐放涼，脫模刀沿著交界處劃一圈，將材料與模具分離。

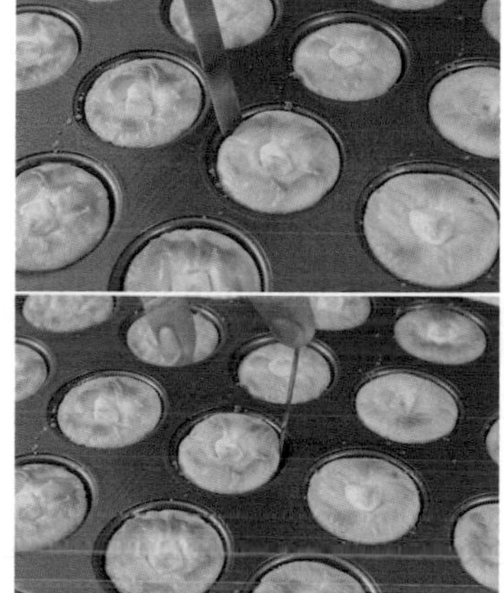

⑫ 表面蓋上烘焙布。

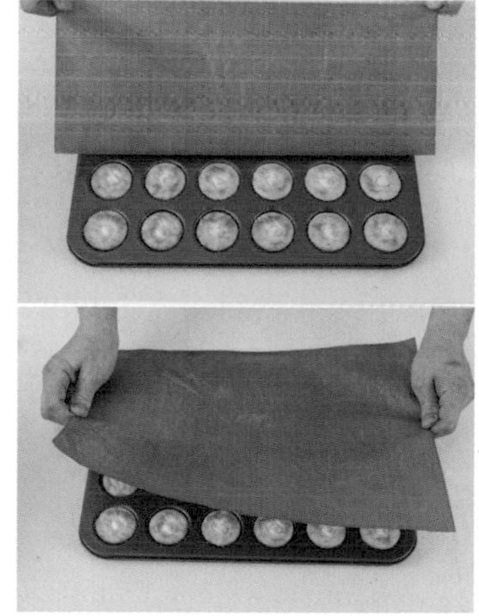

⑬ 蓋上烤盤。

▼

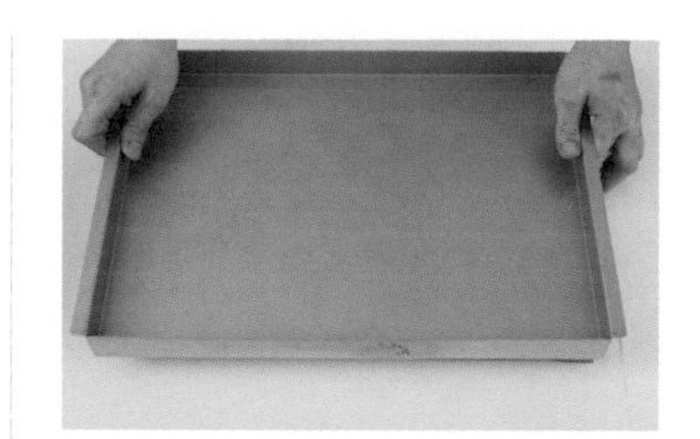

⑭ 整盤翻面。

⑮ 取下模具。

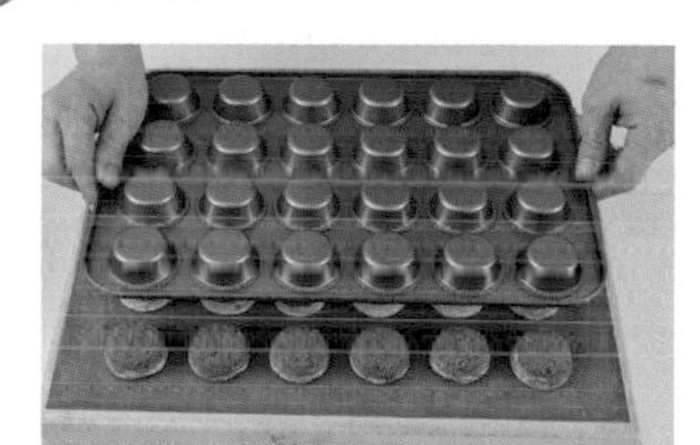

⑯ 翻正每個巴黎小乾酪，完成。

No.29

巧克力小乾酪

數量｜24 個

模具｜24 孔迷你不沾蛋糕模

烤盤長 38 × 寬 26.5 公分

杯體上口徑 4.7 × 高 2 × 底徑 3 公分

保存方式｜常溫 2~3 天，冷藏 5~7 天，冷凍 10~14 天（回溫即可食用）

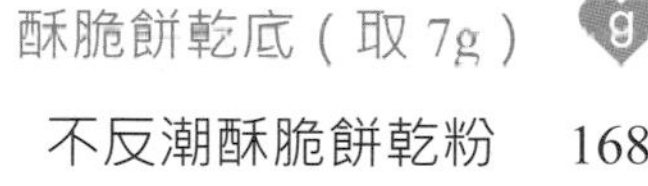

酥脆餅乾底（取 7g）

	g
不反潮酥脆餅乾粉	168
發酵無鹽奶油	4

乳酪糊（填充 19g）

	g
奶油乳酪	265
細砂糖	44
深黑苦甜軟質巧克力	44
新鮮蛋黃	90
動物性鮮奶油	22

配料

葡萄乾	48 顆

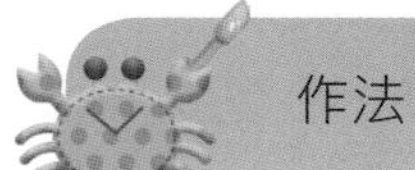

作法

1. **準備**：奶油乳酪室溫退冰 1~2 小時，退冰至常溫、手指壓下可輕鬆留下指痕之程度（30~32°C）。

2. **酥脆餅乾底**：發酵無鹽奶油隔水加熱融化，倒入不反潮酥脆餅乾粉，戴上手套混合均勻。

3. 模具噴烤盤油，放入 7g 餅乾底。運用手邊形狀適當的工具，壓緊即可。（使用大蟹曲奇「不反潮酥脆餅乾粉」便可略過冷藏步驟）。

▼

4 **乳酪糊**：鋼盆放入奶油乳酪、細砂糖，用刮刀刮拌至滑順。

5 加入深黑苦甜軟質巧克力拌匀。

6 加入新鮮蛋黃拌勻。

7 加入動物性鮮奶油拌勻。

8 裝入擠花袋。

9 組合：放上 2 顆葡萄乾。

⑩ 填充 19g 至作法 9 模具，輕敲三下，震出氣泡讓麵糊更加平整。

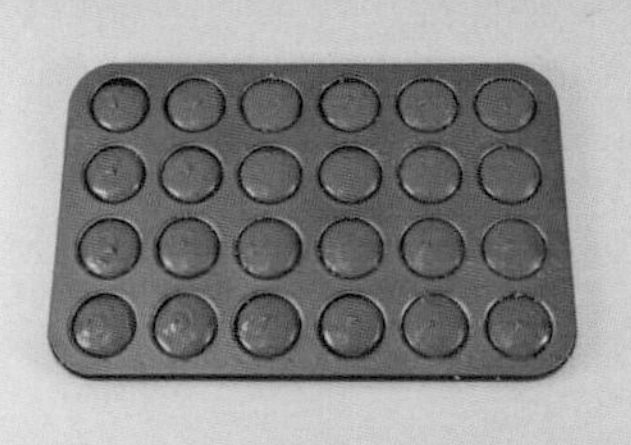

⑪ 送入預熱好的烤箱，以上火 210°C / 下火 150°C，烤 8 分鐘。轉向，烤箱門開小縫（門縫夾手套），設定上下火 0°C，烤 17 分鐘。

⑫ 出爐放涼，脫模刀沿著交界處劃一圈，將材料與模具分離。

⑬ 表面蓋上烘焙布。

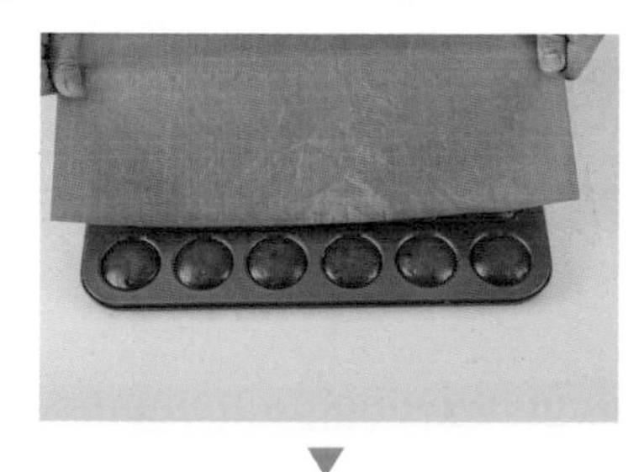

⑭ 蓋上烤盤。

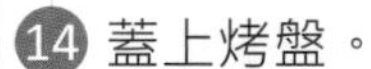

⑮ 整盤翻面。

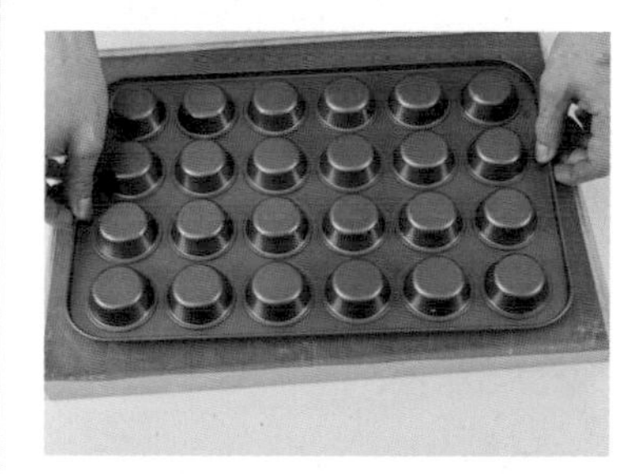

⑯ 取下模具。

⑰ 翻正每個巧克力小乾酪，完成。

No.30

咖啡小乾酪

數量｜24 個

模具｜24 孔迷你不沾蛋糕模

烤盤長 38 × 寬 26 公分

杯體上口徑 4.7 × 高 2 × 底徑 3 公分

保存方式｜常溫 2~3 天，冷藏 5~7 天，冷凍 10~14 天（回溫即可食用）

酥脆餅乾底（取 7g） g

不反潮酥脆餅乾粉	168
發酵無鹽奶油	4

乳酪糊（填充 15g） g

奶油乳酪	245
細砂糖	58
新鮮蛋黃	50
卡魯哇咖啡香甜酒	6
★ 自製濃縮咖啡液（P.119）	4

裝飾

碎核桃	48 顆

作法

1. **準備**：奶油乳酪室溫退冰 1~2 小時，退冰至常溫、手指壓下可輕鬆留下指痕之程度（30~32°C）。

2. **酥脆餅乾底**：發酵無鹽奶油隔水加熱融化，倒入不反潮酥脆餅乾粉，戴上手套混合均勻。

3. 模具噴烤盤油，放入 7g 餅乾底。運用手邊形狀適當的工具，壓緊即可。（使用大蟹曲奇「不反潮酥脆餅乾粉」便可略過冷藏步驟）。

▼

4 **乳酪糊**：鋼盆放入奶油乳酪、細砂糖，用刮刀刮拌至滑順。

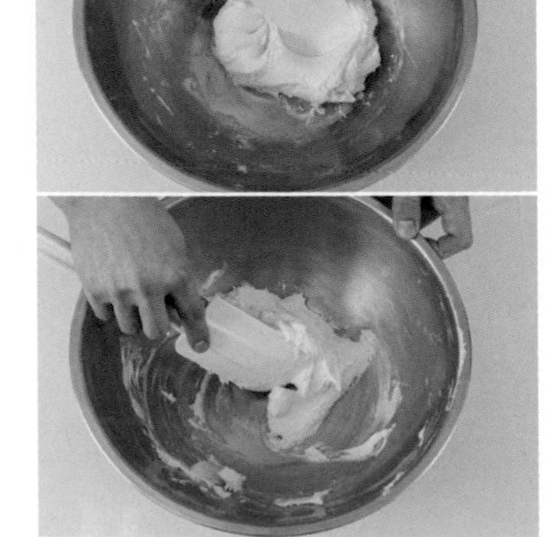

5 加入新鮮蛋黃拌勻。

6 加入卡魯哇咖啡香甜酒、自製濃縮咖啡液拌勻。

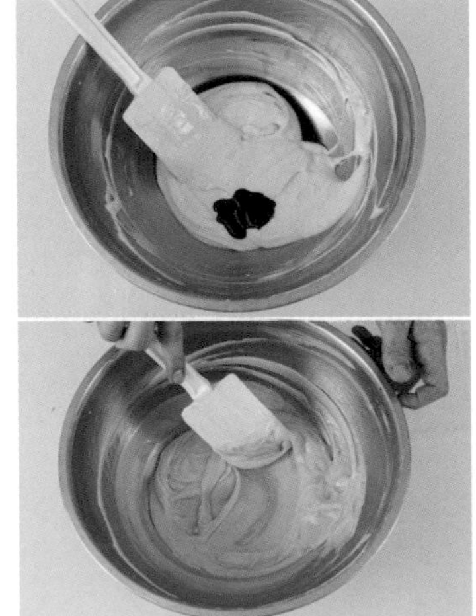

7 裝入擠花袋。

8 **組合**：填充 15g 至作法 3 模具，輕敲三下，震出氣泡讓麵糊更加平整。

▼

9 放上碎核桃。

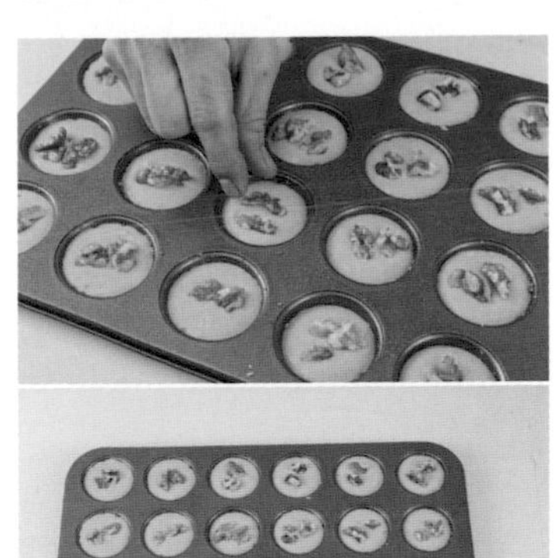

10 送入預熱好的烤箱，以上火 210°C / 下火 150°C，烤 8 分鐘。轉向，烤箱門開小縫（門縫夾手套），設定上下火 0°C，烤 17 分鐘。

11 出爐放涼，脫模刀沿著交界處劃一圈，將材料與模具分離。

12 表面蓋上烘焙布。

13 蓋上烤盤。

14 整盤翻面。

15 取下模具。

16 翻正每個咖啡小乾酪，完成。

No.31

鮭魚小乾酪

數量｜24 個

模具｜24 孔迷你不沾蛋糕模
烤盤長 38 × 寬 26 公分
杯體上口徑 4.7 × 高 2 × 底徑 3 公分

保存方式｜常溫 2~3 天，冷藏 5~7 天，冷凍 10~14 天（回溫即可食用）

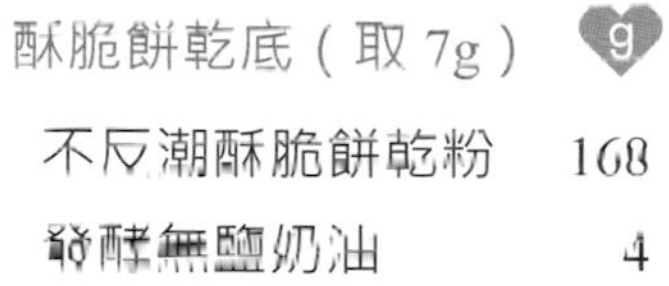

酥脆餅乾底（取 7g）	g
不反潮酥脆餅乾粉	168
發酵無鹽奶油	4

卡士達餡	g
全脂鮮奶	30
卡士達粉	10

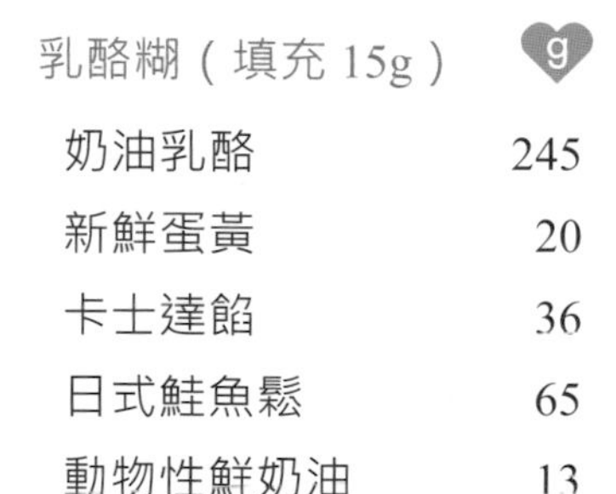

乳酪糊（填充 15g）	g
奶油乳酪	245
新鮮蛋黃	20
卡士達餡	36
日式鮭魚鬆	65
動物性鮮奶油	13

裝飾	
海苔粉	少許
洋蔥碎	少許

1. **準備：**奶油乳酪室溫退冰 1~2 小時，退冰至常溫、手指壓下可輕鬆留下指痕之程度（30~32°C）。

2. **酥脆餅乾底：**發酵無鹽奶油隔水加熱融化，倒入不反潮酥脆餅乾粉，戴上手套混合均勻。

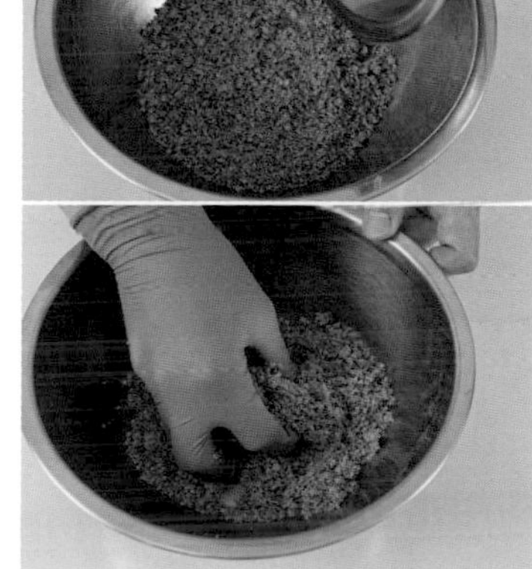

3. 模具噴烤盤油，放入 7g 餅乾底。運用手邊形狀適當的工具，壓緊即可。（使用大蟹曲奇「不反潮酥脆餅乾粉」便可略過冷藏步驟）。

▼

4 **卡士達餡**：鮮奶、卡士達粉拌勻備用。

5 **乳酪糊**：鋼盆放入奶油乳酪，用刮刀刮拌滑順，乳酪軟硬度一致。

6 加入新鮮蛋黃拌勻。

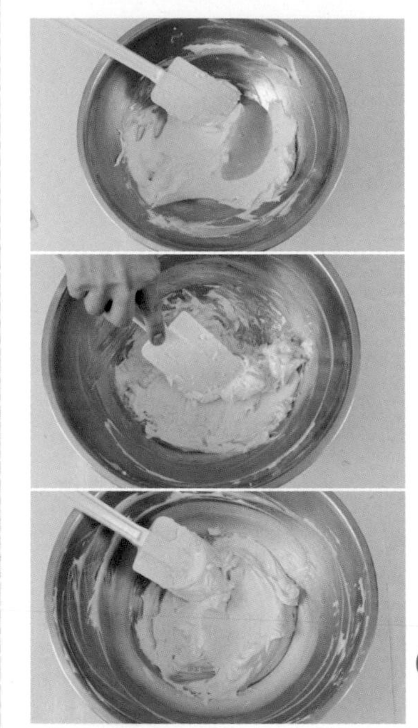

7 加入卡士達餡拌勻。

8 加入日式鮭魚鬆拌勻。

9 加入動物性鮮奶油拌勻。

⑩ 裝入擠花袋。

⑪ 組合：填充 15g 至作法 3 模具，輕敲三下，震出氣泡讓麵糊更加平整。

⑫ 中心處撒洋蔥碎、海苔粉。

⑬ 送入預熱好的烤箱，以上火 210°C / 下火 150°C，烤 8 分鐘。轉向，烤箱門開小縫（門縫夾手套），設定上下火 0°C，烤 17 分鐘。

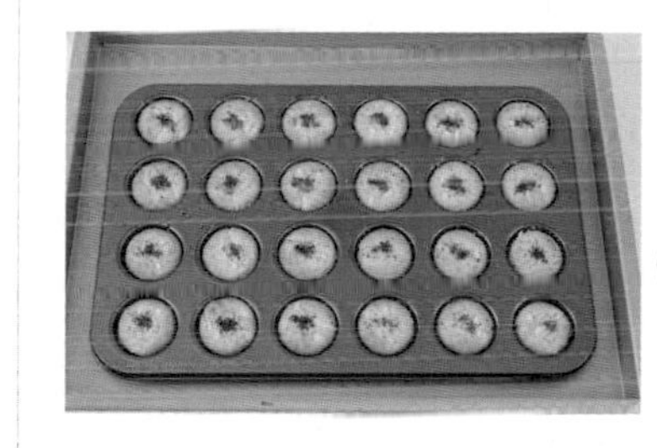

⑭ 出爐放涼，脫模刀沿著交界處劃一圈，將材料與模具分離。

⑮ 表面蓋上烘焙布。

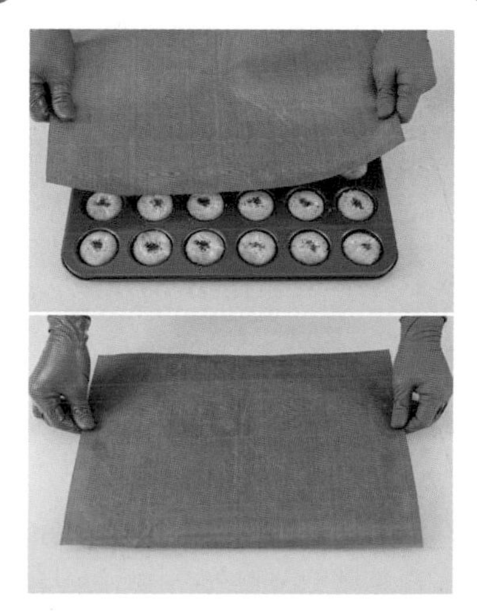

⑯ 蓋上烤盤。

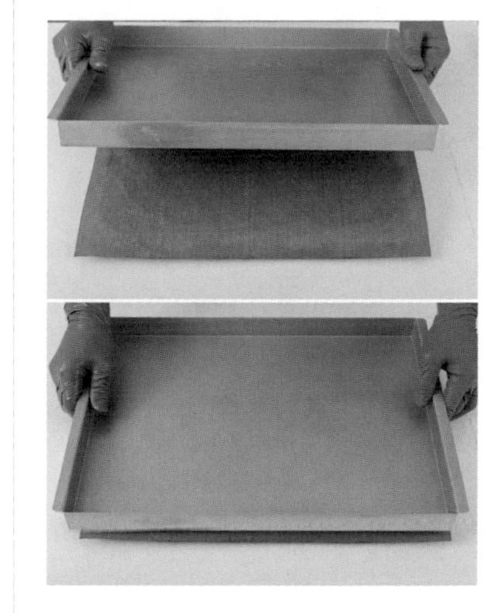

⑰ 整盤翻面。

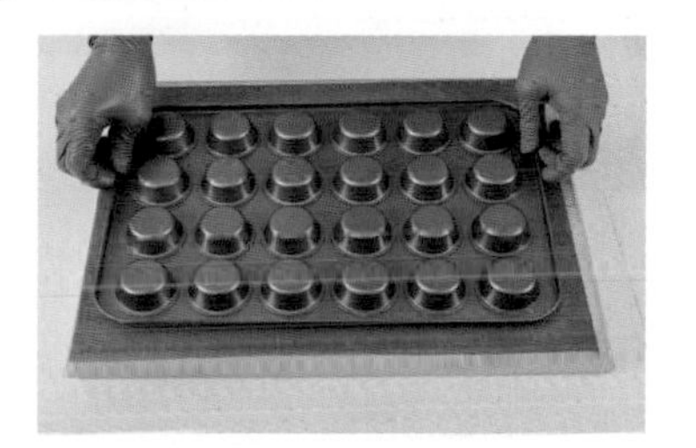

⑱ 取下模具。

⑲ 翻正每個鮭魚小乾酪，完成。

No.32

柳橙果凍

數量｜6 個　　模具｜508 保利杯（口徑 75 × 高 70mm。容量 180c.c.）

保存方式｜冷藏 5 天

果凍液（g）

A	飲用水	233
	每日 C100% 綜合柳橙果汁	546
B	果凍粉	20
	細砂糖	60

配料（g）

橘子瓣	180
椰果	120

作法

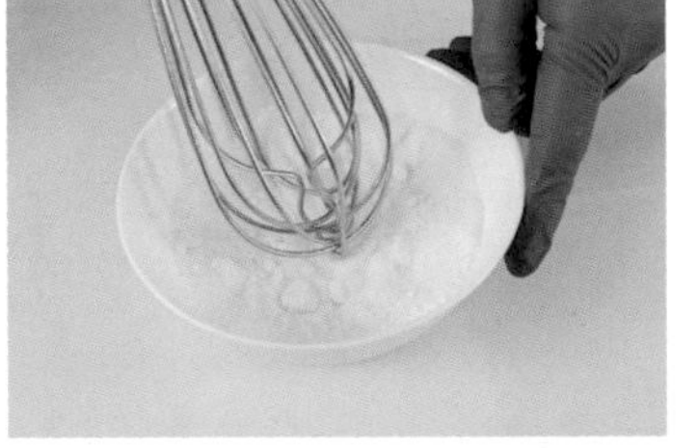

1. 橘子瓣、椰果分別瀝乾。
2. 小碗加入材料 B，混合均勻備用。

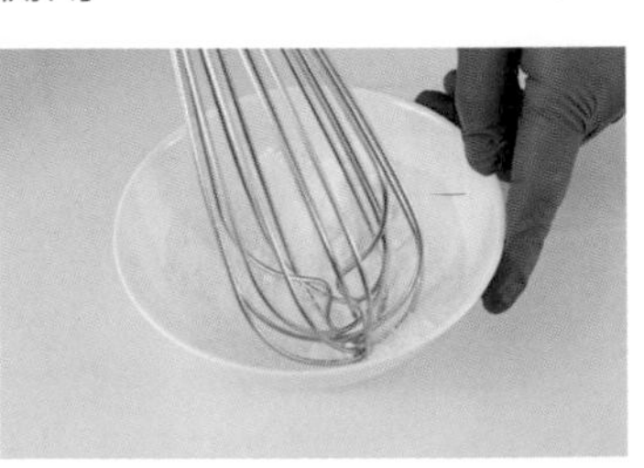

3. 橘子瓣放入保利杯，一杯放 30g。

▼

4 鋼盆加入材料 A，中火加熱，邊煮邊用打蛋器攪拌，煮滾。

5 轉小火，倒入作法 2 材料 B 邊煮邊拌，煮滾熄火。

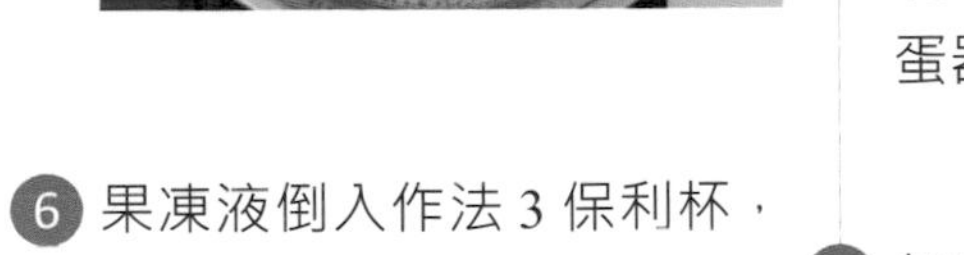

6 果凍液倒入作法 3 保利杯，每杯倒 50g 果凍液，用湯匙稍微拌勻，冷藏 30 分鐘。

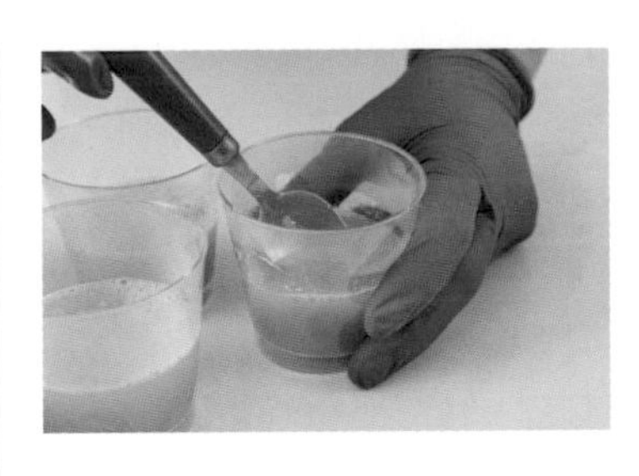

7 成型後取出，放入 20g 椰果。

8 剩餘果凍液（此時會些許結塊）以小火再次加熱，用打蛋器邊煮邊拌。

9 加熱攪拌至呈液體狀態，再倒入作法 7，每杯倒入 70g。

10 用湯匙稍微拌勻，讓椰果和第二層的果凍液混合均勻。

11 噴槍將果凍液表面氣泡燒破（或用牙籤把泡泡戳破）。

12 冷藏 30 分鐘，冷藏至凝固，完成。

No.33

葡萄果凍

數量｜6 個　模具｜508 保利杯（口徑 75 × 高 70mm。容量 180c.c.）
保存方式｜冷藏 5 天

果凍液		g
A	飲用水	233
	每日 C100% 綜合葡萄果汁	466
B	果凍粉	19
	細砂糖	40

配料	g
巨蜂葡萄	300
椰果	120

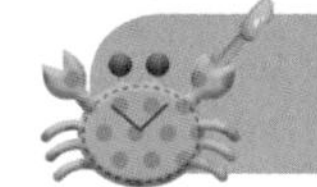

作法

1. 巨蜂葡萄洗淨，去皮去籽；椰果瀝乾備用。材料 B 混合均勻備用。

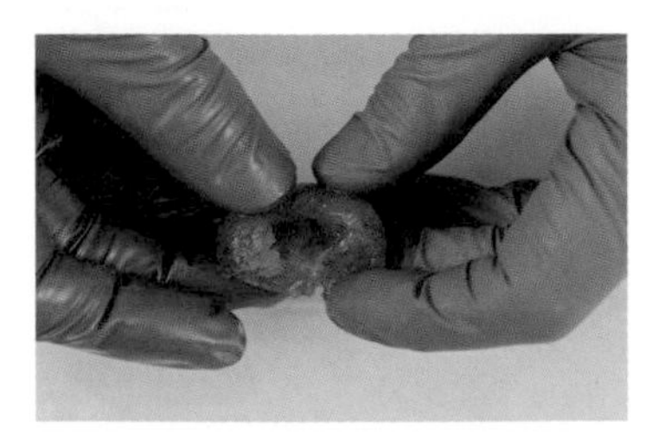

2. 鋼盆加入材料 A，中火加熱，邊煮邊用打蛋器攪拌，煮滾。

3 轉小火，倒入材料 B 邊煮邊拌，煮滾果凍液。

4 倒入巨蜂葡萄煮勻，略拌一下，熄火。

5 用湯匙舀 5 顆葡萄、果凍液，裝入保利杯中（葡萄含果凍液總重約 75g），共分裝 6 杯，冷藏 30 分鐘。

6 成型後取出，放入 20g 椰果。

7 剩餘果凍液（此時會些許結塊）以小火再次加熱，用打蛋器邊煮邊拌。

8 加熱攪拌至呈液體狀態，再倒入作法 6，每杯倒入 60g。

9 用湯匙稍微拌勻，讓椰果和第二層的果凍液混合均勻。

10 噴槍將果凍液表面氣泡燒破（或用牙籤把泡泡戳破）。

11 冷藏 30 分鐘，冷藏至凝固，完成。

No.34

芒果奶酪

數量｜12 杯　　模具｜編號 511（中布丁杯）
保存方式｜冷藏 5 天

奶酪　g

A	全脂鮮奶（A）	200
	細砂糖	100
	吉利丁片（A）	14
	全脂鮮奶（B）	400
	動物性鮮奶油	400

芒果淋漿　g

B	芒果果泥	100
	飲用水	100
	細砂糖	60
	吉利丁片（B）	1.5 片

作法

1. **奶酪**：吉利丁片泡冰水，泡軟擠乾，備用。（詳 P.9）。

2. 鋼盆加入材料 A，中火加熱，邊煮邊用打蛋器攪拌，煮至 60~70 度，熄火。

3. 加入吉利丁片（A）拌勻。

4 加入全脂鮮奶（B）拌勻。

5 加入動物性鮮奶油拌勻。

6 篩網過篩，注入布丁杯，每杯倒約 95g，冷藏至奶酪成型（約 2 小時），共 12 杯。

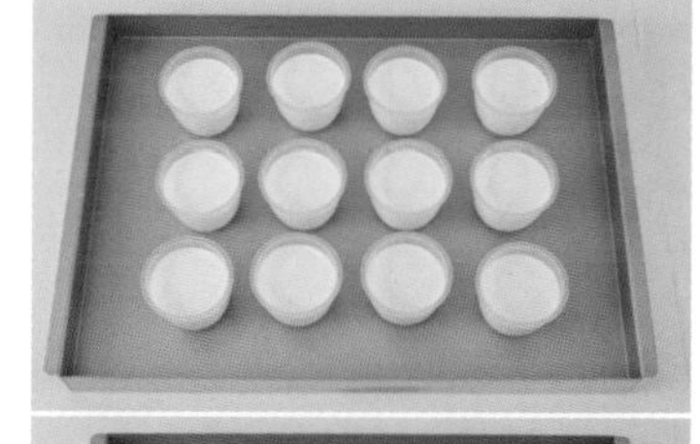

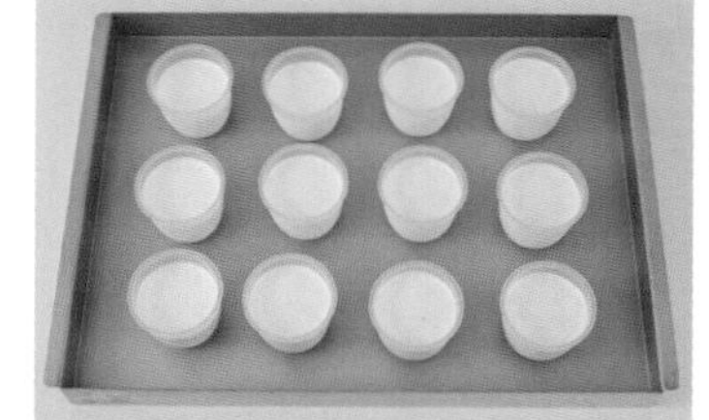

7 芒果淋漿：雪平鍋加入材料 B，中火加熱，邊煮邊用打蛋器攪拌，煮至 60~70°C 熄火。

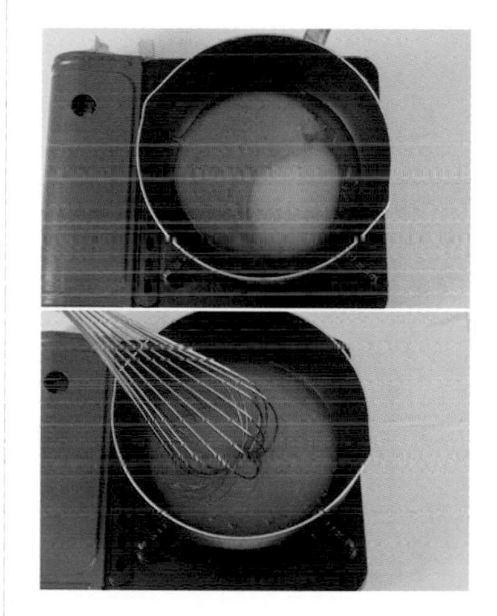

8 加入吉利丁片（B）拌勻，靜置冷卻，冷卻至 40°C 倒入已成型的奶酪，每杯倒 22g。

9 再次冷藏至成型，完成。

PART 6

吃貨必做人氣商品

No.35

巧克力法式馬卡龍

拌到均勻「呈有濕潤感、可微微流動的膏狀」。若沒有拌到這個程度，麵糊流動性不夠，烤出來表面不光滑，因為馬卡龍膨脹係數變高，烘烤時表面也可能炸掉裂開；假如拌超過（太稀），則會使馬卡龍無法定型。製作的訣竅是，使用「放置隔夜的老蛋白」，隔夜蛋白筋性沒那麼強，用於馬卡龍這個產品最為恰當。

數量｜約 16 組（每片直徑 3 公分，共擠 32 片）　模具｜花嘴 SN7065、烘焙布（大）厚

保存方式｜冷藏 7 天，冷凍 30 天（冷藏回溫即可食用）

馬卡龍糊		g
	隔夜蛋白	50
	細砂糖	62
A	杏仁粉（過篩）	52
A	無糖可可粉（過篩）	10
A	純糖粉（過篩）	62

黑醋栗甘納許	g
黑醋栗果餡泥	50
85% 水麥芽	10
33.6% 調溫牛奶巧克力	50
發酵無鹽奶油	6
君度橙酒	5

作法

1. **馬卡龍糊**：材料 A 混合均勻，備用。
2. 乾淨攪拌缸加入隔夜蛋白，以球狀攪拌器快速打至起泡。

▼

3 加入細砂糖快速打 10 秒，轉中速打 10 分鐘，打至乾性發泡。

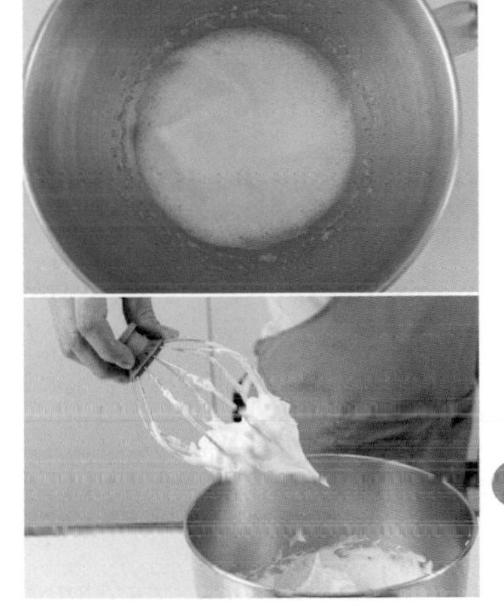

4 加入作法 1 材料 A，以刮刀拌勻。

5 麵糊拌至呈微微流動的膏狀，倒入已裝好花嘴的擠花袋。

★ 剛加入粉類拌勻狀態較乾，繼續拌勻，因蛋白會漸漸消泡，質地會越來越光滑濕潤，呈有濕潤感、可微微流動的膏狀。

6 在烘焙布上擠 3 公分直徑大小的圓，一手拿起烤盤，另一手拍打底部，幫助馬卡龍表面更平滑。

★ 下圖較小的圓用來製作「No.24 巧克力滑順重乳酪」裝飾馬卡龍。小馬卡龍可擠可不擠，本配方擠直徑 3 公分大小可製作 32 片。

7 常溫靜置風乾，風乾至用手觸碰，表面不沾黏即可。

8 送入預熱好的烤箱，以上火 170°C / 下火 150°C，烤 3~5 分鐘（烤出長裙擺）。

9 開烤箱門，門縫夾手套，再設定上火 120°C / 下火 150°C 烤 9 分鐘。

10 轉向關爐門，再烤 8~12 分鐘。手指觸碰側邊與表面，有微硬觸感即可出爐。

11 **黑醋栗甘納許**：鋼盆加入黑醋栗果泥、85% 水麥芽，中火煮至 80°C，熄火。

12 沖入 33.6% 調溫牛奶巧克力拌勻，拌至巧克力融化，降溫至 40°C。

13 加入發酵無鹽奶油拌勻。

14 加入君度橙酒拌勻，放涼，倒入擠花袋備用。

15 **組裝**：馬卡龍兩兩成對，取一片擠入 6g 黑醋栗甘納許，蓋上另一片，完成。

No.36

羅蜜亞餅乾

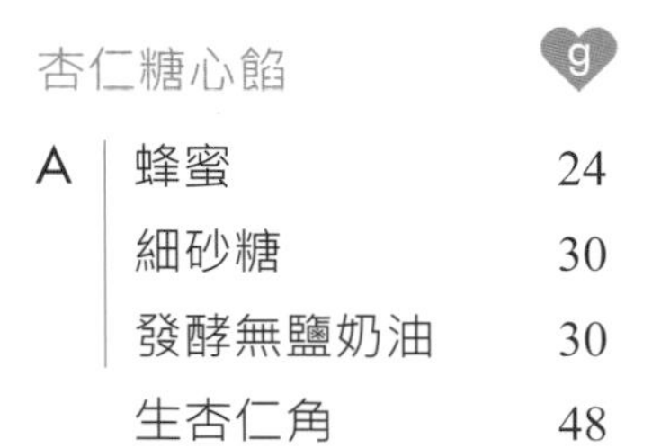

數量｜約 15 個　模具｜羅蜜亞花嘴

保存方式｜常溫 14 天，冷凍 60 天（回溫即可食用）

麵糊		g
	發酵無鹽奶油	50
	上白糖	50
	全蛋液	25
	VIRON T55 麵粉	120

杏仁糖心餡		g
A	蜂蜜	24
	細砂糖	30
	發酵無鹽奶油	30
	生杏仁角	48

作法

1 **杏仁糖心餡**：鋼盆加入材料 A，中大火煮至沸騰，關火。

2 加入生杏仁角拌勻。

3 托盤鋪上烘焙紙，倒入作法 2 抹平冷凍，凍至成形。

4 凍硬後取出，用刀子切 2~3g 小塊狀。

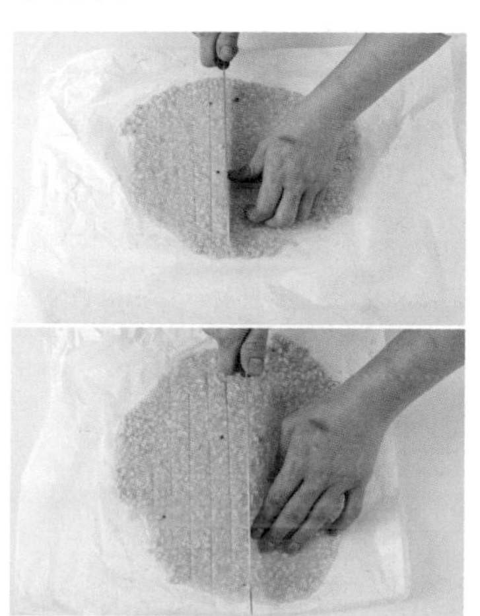

5 **麵糊**：攪拌缸加入發酵無鹽奶油、上白糖，以槳狀攪拌器打至微微泛白。

6 分二次加入全蛋液拌勻，需等液體材料完全攪打吸收後，才可再加（避免油水分離）。

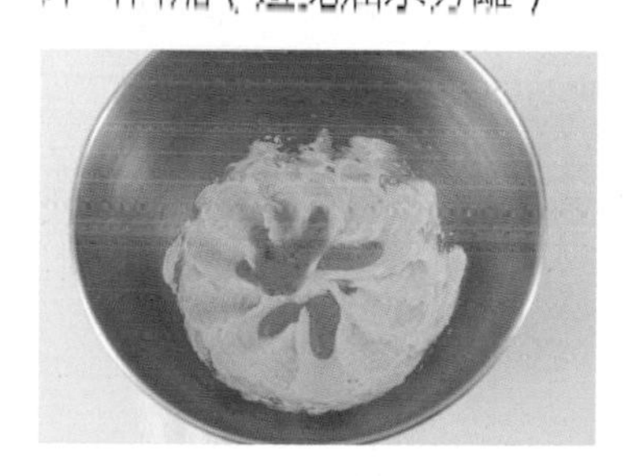

7 加入 VIRON T55 麵粉拌勻。

8 放入裝好花嘴的擠花袋，冷藏靜置 30 分鐘。

9 花嘴平放、重心向下，抵住不沾烤盤，間距相等擠出直徑 5.5 公分圓片。

10 **組合**：杏仁糖心餡塊放入擠好的餅乾中心。

11 送入預熱好的烤箱，以上火 170°C / 下火 150°C，烤 12 分鐘。轉向，再烤 6~8 分鐘。

12 手指觸碰餅乾表面，有微硬觸感即可出爐。

No.37

卡地亞餅乾

數量｜約 15 個　　模具｜羅蜜亞花嘴

保存方式｜常溫 14 天，冷凍 60 天（回溫即可食用）

麵糊 (g)

A	發酵無鹽奶油	50
	純糖粉	60
	新鮮蛋白	35
B	低筋麵粉（過篩）	130
	抹茶粉（過篩）	6

杏仁糖心餡 (g)

C	蜂蜜	24
	細砂糖	30
	發酵無鹽奶油	30
	生杏仁角	48

作法

1 **杏仁糖心餡**：鋼盆加入材料 C，中大火煮至沸騰，關火。

2 倒入生杏仁角拌勻。

3 托盤鋪上烘焙紙，倒入作法 2 抹平冷凍，凍至成形。

4 凍硬後取出，用刀子切 2~3g 小塊狀。

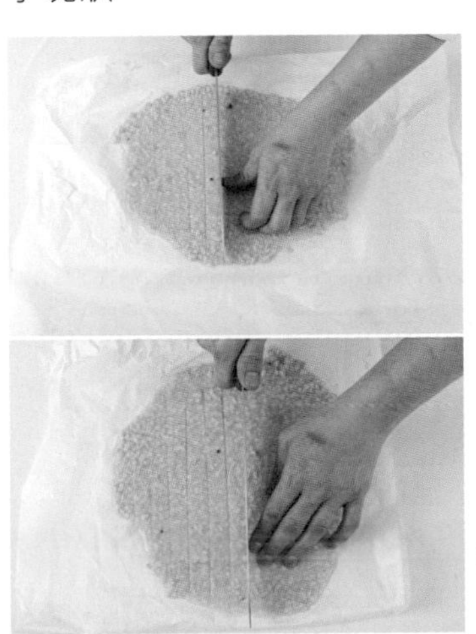

5 **麵糊**：攪拌缸加入材料 A，以槳狀攪拌器打至微微泛白。

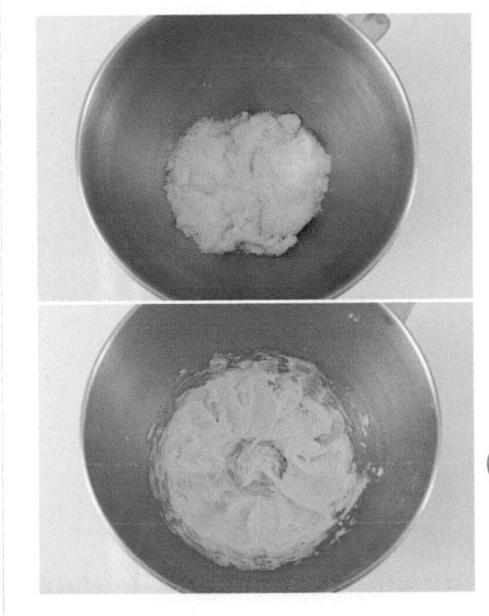

6 分二次加入新鮮蛋白拌勻，需等液體材料完全攪打吸收後，才可再加（避免油水分離）。

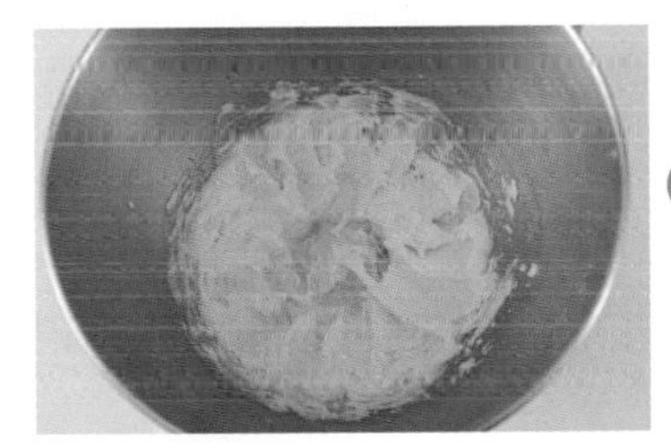

7 加入過篩材料 B 拌勻。

8 放入裝好花嘴的擠花袋，冷藏靜置 30 分鐘。

9 花嘴平放、重心向下，抵住不沾烤盤，間距相等擠出直徑 5.5 公分圓片。

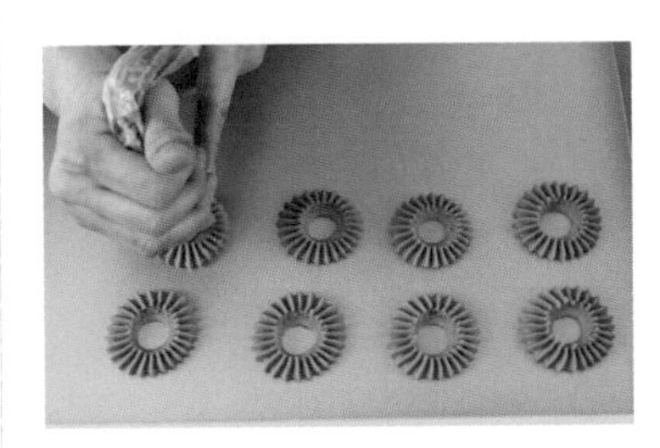

10 組合：杏仁糖心餡塊放入擠好的餅乾中心。

11 送入預熱好的烤箱，以上火 170°C / 下火 150°C，烤 12 分鐘。轉向，蓋烘焙紙再烤 6~8 分鐘。

★ 蓋烘焙紙，可護鮮豔的色澤。

12 手指觸碰餅乾表面，有微硬觸感即可出爐。

No.38

義式咖啡餅

數量｜長 42.5 × 寬 8.5 × 高 2 公分　　模具｜烘焙紙

保存方式｜常溫 14 天，冷凍 60 天（回溫即可食用）

材料		g
A	發酵無鹽奶油	80
	細砂糖	158
	鹽	0.5
	全蛋液	79
	卡魯哇咖啡香甜酒	21
B	杏仁粉（過篩）	86
	低筋麵粉（過篩）	275
	無鋁泡打粉（過篩）	7

咖啡液		g
C	奶水	30
	即溶咖啡粉	15

表面塗抹	g
奶水	40

作法

1. 鋼盆加入材料 C，拌勻成咖啡液備用。

2. 材料 B 粉類混合過篩。

3. 攪拌缸加入材料 A，以槳狀攪拌器打至微微泛白。

4 分二次加入全蛋液拌勻，需等液體材料完全攪打吸收後，才可再加（避免油水分離）。

5 加入卡魯哇咖啡香甜酒、作法 1 咖啡液拌勻。

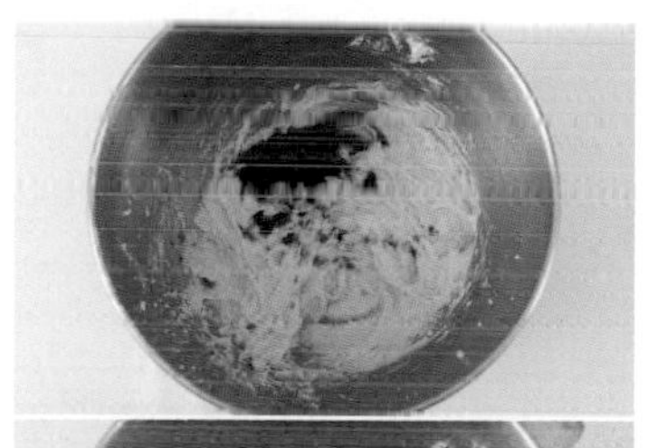

6 加入材料 B 拌勻。

7 裝入袋子中，壓平。

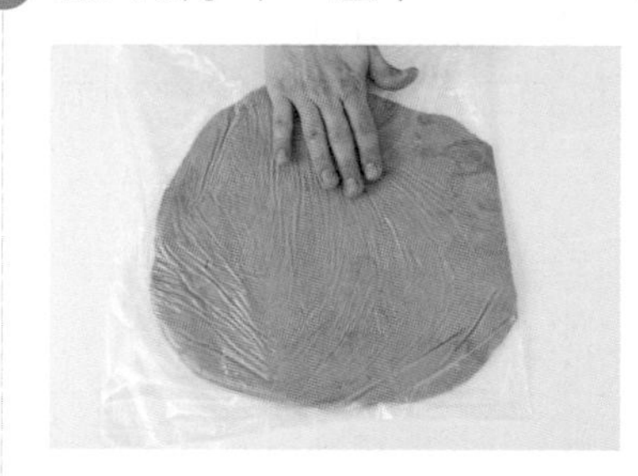

8 冷藏鬆弛 90 分鐘（或冷凍鬆弛 30 分鐘），取出麵團搓成長條狀。

9 烤盤底部放一張烘焙紙，放上麵團，擀成長 42.5 × 寬 8.5 × 高 2 公分之麵團。

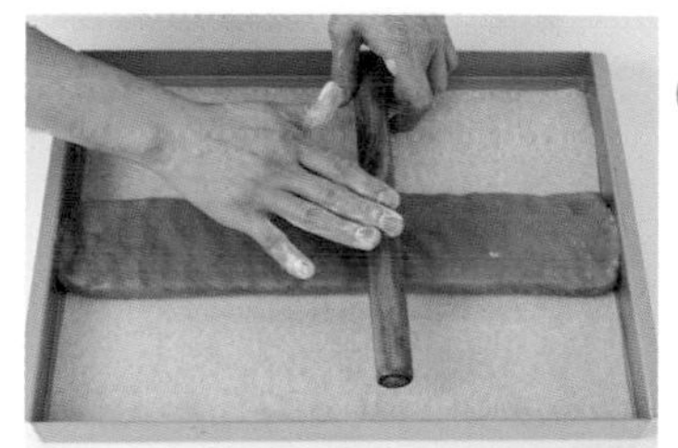

10 送入預熱好的烤箱，以上火 180°C / 下火 150°C，烤 10 分鐘。出爐，刷上奶水再烤 10 分鐘。

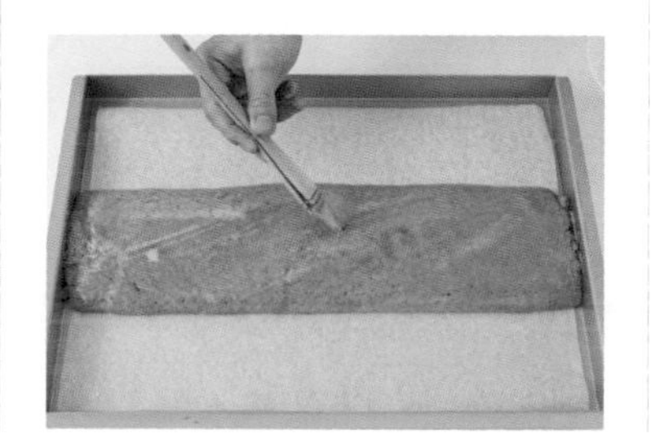

11 出爐，刷上奶水，再烤 10 分鐘。

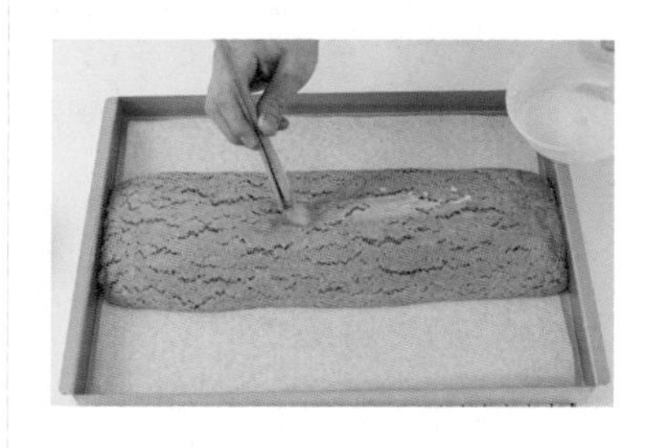

12 出爐，微冷卻時切片，切約 1.5 公分寬，約 27 片。

13 送入預熱好的烤箱，以上火 160°C / 下火 150°C 烤 20 分鐘，烤至微上色。

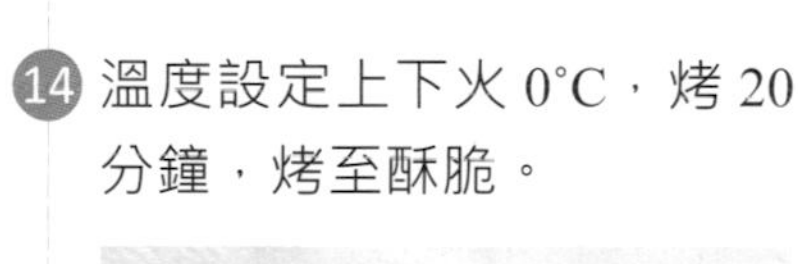

14 溫度設定上下火 0°C，烤 20 分鐘，烤至酥脆。

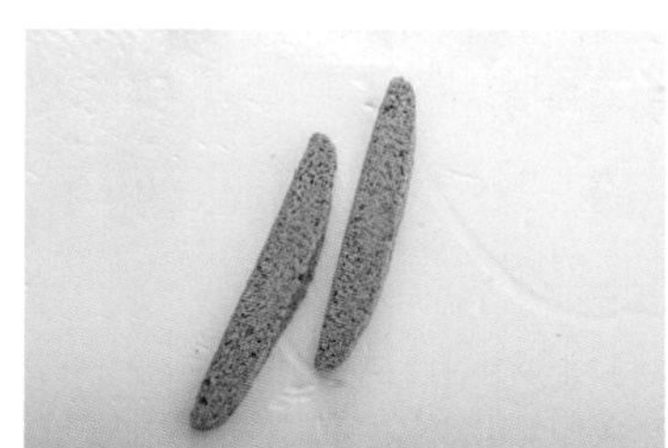

No.39

瓦片仕蛋卷

數量｜約 12 片（數量依大小異動）　　模具｜無

保存方式｜常溫 14 天，冷凍 60 天（回溫即可食用）

材料（分割 35g）		g
A	新鮮蛋白	104
	細砂糖	83
	19 號無鹽發酵奶油	33
	鹽	少許
	低筋麵粉（過篩）	56
	杏仁薄片	165

作法

1. 鋼盆加入材料 A，小火隔水加熱，以打蛋器邊煮邊拌，煮至細砂糖、奶油融化，約 50~60˚C。

2 加入過篩低筋麵粉，以打蛋器拌勻。

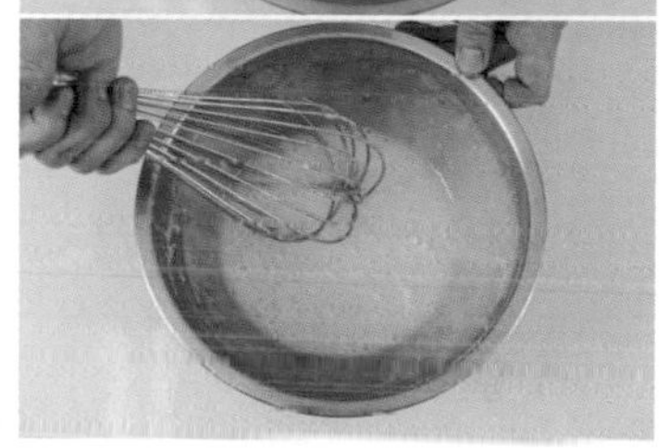

3 加入杏仁薄片，以刮刀輕柔地拌勻，避免杏仁薄片破碎。

4 蓋上保鮮膜，放入冷藏鬆弛 60 分鐘。

5 冷藏完畢的麵糊稍微拌一下，讓質地更均勻。

▼

6 手沾水，取 35g 麵糊放上不沾烤盤，整形成長 18 × 寬 8 公分薄片狀。

★ 過程中手要不時沾水，防止沾黏。

7 送入預熱好的烤箱，以上下火 150°C 烤 15 分鐘。轉向，再烤 7~10 分鐘，烤至上色。

8 雙手戴上乾淨棉布手套。出爐，切麵刀鏟起瓦片。

▼

9 立刻用擀麵棍將薄片捲起，捲起後停留 5 秒（或吹電風扇冷卻），確認定型後抽出擀麵棍。

★ 使用直徑約 1.7 公分擀麵棍，捲出的蛋卷較有厚度。

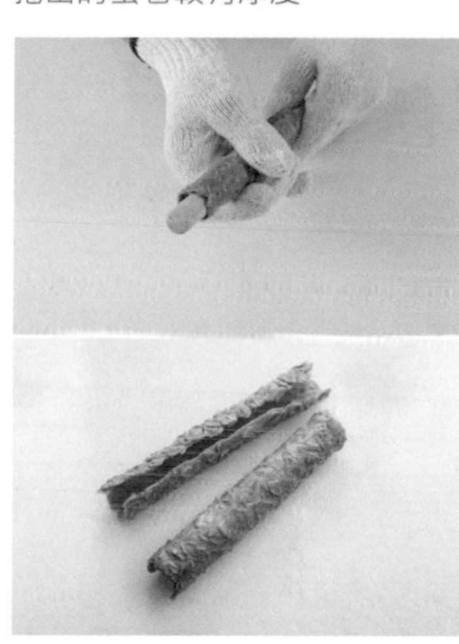

No.40

肯賀甲蛋塔

塔皮刷蛋液，烤兩分鐘後會形成保護膜，可隔絕液體材料與塔皮，使塔皮更酥脆。「刷巧克力隔絕」也是一樣的意思，但因為這道產品的味道不適合用巧克力，且後續要再次烘烤，因此我們使用蛋液。
用巧克力隔絕，一般是用在「熟皮熟餡」的甜點，將烤熟的塔皮灌入冷藏性餡料（不須烘烤的餡），比如「生巧克力塔」。

數量｜8 顆　　器具｜錫箔品 . 編號 211，毛刷
保存方式｜常溫 8~10 小時，冷藏 3 天，冷凍 5 天（冷藏回溫即可食用）

塔皮（分割 30g）　g

	材料	g
A	發酵無鹽奶油	82
	細砂糖	35
	海藻糖	14
	全蛋液	14
	低筋麵粉	118

布丁液（填充 55g）　g

	材料	g
B	全蛋液	95
	新鮮蛋黃	73
C	水	120
	細砂糖	73
	奶水	95

隔絕材料　g

材料	g
全蛋液	20

作法

1. 前置：依據錫箔品裁切 10×10 公分烘焙紙（烘烤時用來隔絕石頭）。
2. 塔皮：參考 P.17 作法 7，完成塔皮麵團備用。
3. 麵團略切碎，雙手壓合成團，分割 30g 搓圓。
4. 麵團放入錫箔品，手指沾適量手粉（高筋麵粉）捏合，鋪上裁切好的烘焙紙，放入石頭。

▼

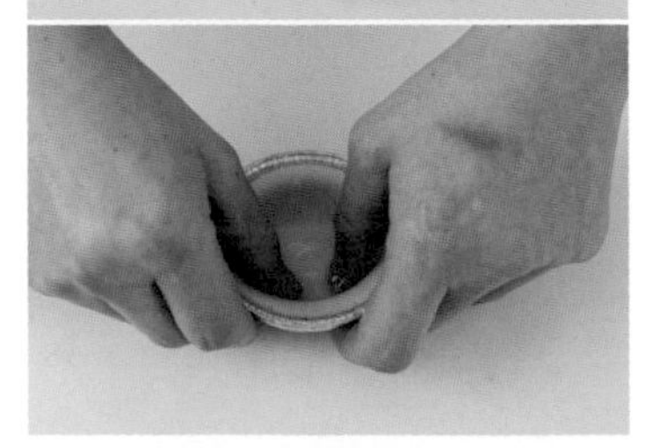

▼

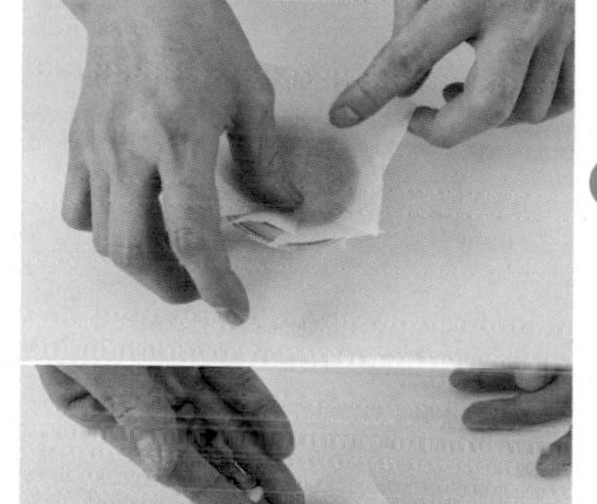

5 送入預熱好的烤箱，以上下火 180°C 烤 14 分鐘。取出石頭，再以上火 180°C / 下火 0°C，放入烤箱中層烤 5 分鐘。

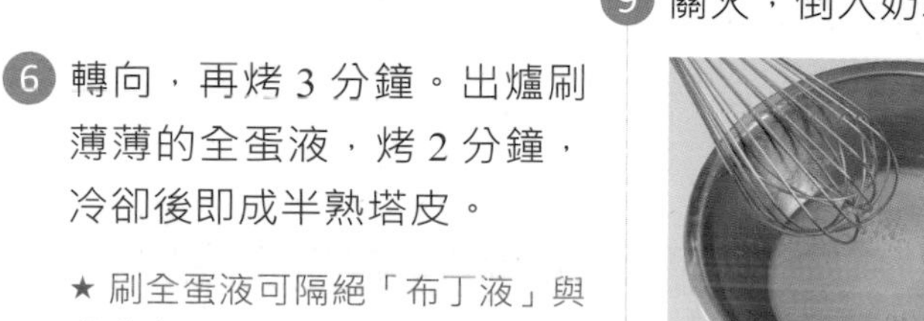

6 轉向，再烤 3 分鐘。出爐刷薄薄的全蛋液，烤 2 分鐘，冷卻後即成半熟塔皮。

★ 刷全蛋液可隔絕「布丁液」與「塔皮」，避免直接接觸，液體材料影響塔皮口感。

▼

7 布丁液：鋼盆加入材料 B，用打蛋器快速拌勻。

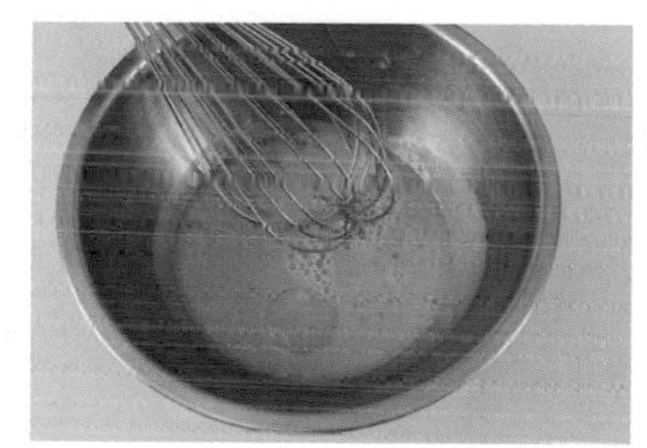

8 乾淨鋼盆放入材料 C，小火拌勻煮至 60~70°C。

9 關火，倒入奶水降溫拌勻。

10 倒入作法 7 材料 B，用打蛋器拌勻。

11 以細篩網過篩，表面用保鮮膜封起，冷藏 1 小時。

12 組合：布丁液倒入半熟塔皮中，每個分裝 55g，共 8 顆。

13 送入預熱好的烤箱，以上火 210°C / 下火 170°C 烤 10 分鐘，轉向。

14 取 1 支湯匙（或是 1 個手套）把烤箱門夾微小縫隙，再烤 5 分鐘。

15 溫度設定上火 0°C / 下火 170°C，燜 3 分鐘。

No.41

養生桂圓蛋糕

數量｜12 個　模具｜油力士紙杯寬 52 × 高 30mm、2 個瑪芬 6 連模

保存方式｜常溫 2~3 天，冷藏 5~7 天，冷凍 10~14 天（回溫即可食用）

麵糊（填充 50g）		g
A	全蛋液	155
B	細砂糖	70
	海藻糖	24
C	低筋麵粉（過篩）	117
	小蘇打粉（過篩）	1
D	玄米油	127
	動物性鮮奶油	28
	奶水	28
E	乳酸桂圓	全量

乳酸桂圓	g
窯燒柴焙桂圓肉（切丁）	47
養樂多	72

裝飾	
1/2 生核桃	少許

作法

1. **乳酸桂圓**：雪平鍋倒入養樂多、窯燒柴焙桂圓丁，小火煮至水分收乾，煮約 15~20 分鐘，放涼備用。

▼

2 麵糊：鋼盆放入材料 A、材料 B，隔水加熱至 38~42°C，邊加熱邊攪拌。

3 倒入攪拌缸，以球狀攪拌器高速打至七分發，轉中速打至全發。

4 倒入大鋼盆，加入過篩材料 C，取打蛋器拌匀即可。

5 加入材料 D 微攪拌均勻，加入作法 1 乳酸桂圓拌匀。

6 換刮刀輕柔地翻拌均匀。

7 倒入擠花袋，紙杯填入 50g 約九分滿，表面撒少許核桃。

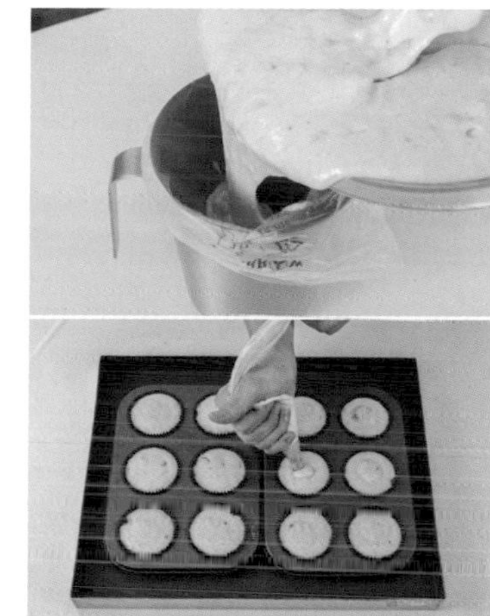

8 送入預熱好的烤箱，以上火 200°C / 下火 180°C 烤 8 分鐘。轉向，上火 170°C / 下火 180°C，烤 12~14 分鐘。

9 手指輕輕觸碰蛋糕，若有彈性，即可出爐。

10 出爐重敲，震出蛋糕內部的熱氣，取出油力士紙杯，置於涼架放涼。

▼

No.42

分蛋式牛粒

數量｜ 35 組（兩顆 1 組）　模具｜花嘴 SN7067

保存方式｜常溫 2~3 天，冷藏 5~7 天，冷凍 10~14 天（回溫即可食用）

蛋黃糊		g
	新鮮蛋黃	78
	細砂糖	20
A	玄米油	19
A	奶水	33
	低筋麵粉（A）	67
	低筋麵粉（B）	33

蛋白霜	g
新鮮蛋白	73
細砂糖	93

夾層	g
★ 義式甜奶油（P.11）	120

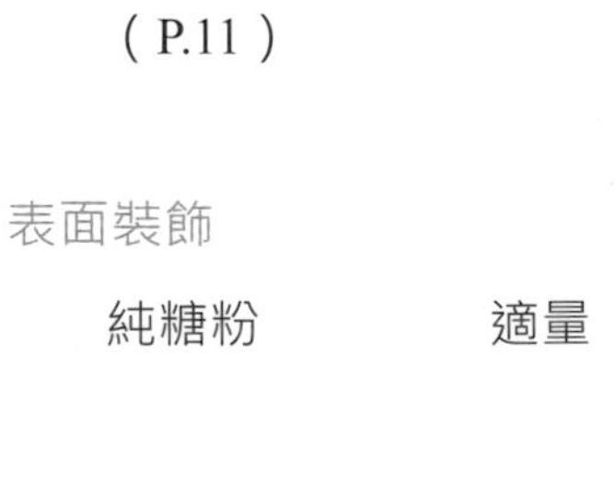

表面裝飾	
純糖粉	適量

作法

1 **蛋黃糊**：攪拌缸加入新鮮蛋黃、細砂糖，以球狀攪拌器中速打至細砂糖融解，麵糊呈現微波紋。

▼

2 倒入材料 A 拌勻，倒入過篩低筋麵粉（A）拌勻，蓋上保鮮模備用。

3 蛋白霜：攪拌缸加入新鮮蛋白、細砂糖，以球狀攪拌器快速打至六分發，轉中速打至七分發。

4 組合：倒入蛋黃糊，用打蛋器略拌幾下。

5 倒入過篩低筋麵粉（B）打蛋器略拌幾下，再用刮刀輕柔攪拌均勻即可，倒入裝好花嘴的擠花袋。

6 裁切白報紙（長 40.5 × 寬 33.5 公分），底部再墊一張更大的白報紙。

7 麵糊擠約 2.5 公分直徑大小，一盤擠約 35 顆。（共兩盤）

8 用細篩網篩上純糖粉，先篩第一層，靜置 1 分鐘，讓純糖粉被麵糊吸收、消失不見，再篩第二次純糖粉。

9 篩完拉起白報紙，輕輕抖掉多餘純糖粉，放入烤盤。

★ 白報紙取一大一小墊兩層，如此多餘的純糖粉便可重複利用。

★ 注意拉起小的白報紙便好，將多餘糖粉篩在較大張的白報紙上。

10 送入預熱好的烤箱，以上火 200°C / 下火 180°C，烤 4 分鐘。轉向，設定上火 190°C / 下火 180°C，再烤 4 分鐘。

11 出爐敲一下，蛋糕體拉出烤盤，置於涼架。

12 冷卻後，用切麵刀鏟起，中心擠入 3g 義式甜奶油，兩兩成對。

烘焙人必備的
隨身筆記本

這是平時蟹老闆設計新課程時，
愛用的表格格式
適合同學用於課堂補充或是自編
食譜做法記錄使用

筆記本內容：

- 2021.07~2022.12 跨頁月份行事曆
- 模具尺寸更換倍數參照表
- 比重量測方法說明
- 食譜自編筆記頁
- 空白食譜配方表格

訂購資訊

《烘焙人專屬烘焙日誌》
作者：謝岳恩（蟹老闆）
定價：150

蛋糕方模 尺寸換算表

	6吋	7吋	8吋	9吋	10吋	11吋	12吋
6吋	1.00	1.40	1.80	2.30	2.80	2.40	4.00
7吋	0.70	1.00	1.30	1.70	2.00	2.50	2.90
8吋	0.60	0.80	1.00	1.30	1.60	1.90	2.30
9吋	0.40	0.60	0.80	1.00	1.20	1.50	1.80
10吋	0.40	0.50	0.60	0.80	1.00	1.20	1.40
11吋	0.30	0.40	0.50	0.70	0.80	1.00	1.20
12吋	0.30	0.30	0.40	0.60	0.70	0.80	1.00

Memo

蛋糕圓模 尺寸換算表

	6吋	7吋	8吋	9吋	10吋	11吋	12吋
6吋	1.00	1.36	1.78	2.25	2.78	3.36	4.00
7吋	0.74	1.00	1.31	1.63	2.04	2.50	2.94
8吋	0.56	0.77	1.00	1.27	1.56	1.89	2.25
9吋	0.44	0.60	0.79	1.00	1.24	1.49	1.78
10吋	0.36	0.49	0.64	0.81	1.00	1.21	1.44
11吋	0.30	0.41	0.53	0.67	0.83	1.00	1.19
12吋	0.25	0.34	0.44	0.56	0.69	0.84	1.00

使用說明：
❶ 原尺寸：原本的配方模具尺寸
更換尺寸：想製作的配方模具尺寸
❷ 表格內的數字，代表配方材料需換算的倍數

不反潮酥脆餅乾粉&大蟹曲奇餅乾粉

經過多道特殊烘烤製程所產出之「手工餅乾粉」!!

★ 完美不反潮 ★ 無需冷藏定型 ★ 不油不膩 ★ 入口即化 ★ 細緻綿密

★ 輕鬆擠花紋理清晰 ★ 混合只需少油量 ★ 香酥脆極緻口感 ★ 烤焙不變形

烘焙原物料專賣店 實體銷售據點

〔北　部〕

新北｜快樂媽媽烘焙食材
桃園｜艾佳食品原料專賣
新竹｜艾佳食品原料專賣

〔中　部〕

台中｜富山食品原料行
嘉義｜RUBY夫人吃·做·買

〔南　部〕

台南｜旺來鄉食品原料專業賣場 仁德店/小北店
　　　松青食品有限公司
高雄｜樂客來食品原料暢貨中心
　　　德興烘焙原料坊 十全店/三多店
　　　旺來昌 右昌店/公正店/博愛店
屏東｜旺來昌 內埔店

全省烘焙教室 銷售據點

台北｜易烘焙DIY Ezbaking信義店
桃園｜糖品屋烘焙手作
新竹｜36號烘焙廚藝
苗栗｜愛莉絲烘焙學園
嘉義｜歐樂芙手作趣
高雄｜Qmaker翻糖工作室

謝岳恩–蟹老闆的烘焙蟹樂園

同步販售　大蟹系列品牌
・大蟹油綠豆餡 ・(低糖)大蟹奶油烏豆沙 ・(特級)大蟹紅豆餡

聯絡資訊　豆家企業社
聯絡電話 0970342111

100% Pure Milk From New Zealand

特級香濃
鳳梨酥指定專業奶粉

100%紐西蘭純淨乳源

●紅牛全脂奶粉1kg

ISO22000及HACCP雙重驗證

官網

FB

奕瑪國際行銷股份有限公司
網址：buy.healthing.com.tw　TEL：0800-077-168

淨重
500g / 17.6oz
NO 19 CULTURED BUTTER
19號無鹽發酵奶油
UNSALTED
NET WT.
500g / 17.6oz
NO. 19 CULTURED BUTTER
台灣本土奶油第一品牌19號無鹽發酵奶油，秉持著「消費者的安心，是峻鼎公司的承諾」為企業理念。現代化廠房符合GHP、HACCP及ISO22000標準。
榮獲iTQi風味絕佳獎章的19號發酵奶油，更是深受市場的肯定。為回饋消費者需求，將不斷研發新產品，並添購最新設備提升食品安全，以國際性的食品安全標準，服務社會大眾。
GHP, HACCP, ISO22000
19butter.com
19號發酵奶油
銷售據點

易烘焙 EZbaking

易烘焙 讓第一次烘焙和料理 輕鬆上手！
5年的好口碑相傳
好吃、好玩又高質感的烘焙體驗
各式各樣甜點、中餐、麵包、西餐課程
還有應有盡有的達人分享會！
心動不如馬上行動
趕快加入LINE及FB看更多！

Facebook

LINE

透過行動條碼加入LINE好友
請在LINE應用程式上開啟「好友」分頁，
點選畫面右上方用來加入好友的圖示，
接著點選「行動條碼」，然後掃描此行動條碼。

ezbakingdiy@gmail.com

106臺北市大安區信義路四段265巷5弄3號 0984-345-347

VIRON為法國百年麵粉廠
位於小麥帶土壤最肥沃的一區
兩百年的工藝技術傳承 堅持不添加任何改良劑
配送與儲存全程控制在18℃以下 確保麵粉新鮮度
要讓所有麵包愛好者
零時差零距離品嘗到
真正頂級法國小麥的原始風味
這也是一直以來VIRON製作麵粉的最高原則

VIRON T45

蛋白質 <12.5% ｜ 灰份質：0.4%~0.5%

最純淨且含有最少的雜質,富含最多的面筋和蛋白質,適合運用在製作千層酥皮、布里歐、吐司等需要很大程度膨脹的麵包

VIRON T55

蛋白質 11% ｜ 灰份質：0.5%~0.6%

面筋含量比T45少,膨脹能力也較小可製作類似餅乾、泡芙、塔皮等不需發得很充分的麵糰

VIRON T65

蛋白質 >10.5% ｜ 灰份質：0.62%~075%

適合作鄉村歐包及需要長時間發酵的法棍高灰分的麵粉適合用於製作風味更加濃郁的全麥麵包以及黑麥麵包

石磨麵粉 T80

蛋白質 <11% ｜ 灰份質：0.75%~0.9%

石磨磨出,還稱不上是全麥,保留了小麥中珍貴的麩皮和胚芽,筋度會更高,是做鄉村麵包和一些特殊麵包的理想之選

裸麥麵粉 T130

蛋白質 11% ｜ 灰份質：1.2%~1.5%

用黑裸麥研磨而成,保留了黑麥穀物中的麩皮及胚芽,顏色較深,做出來的麵包紮實,同體積的麵包拿起來明顯較重

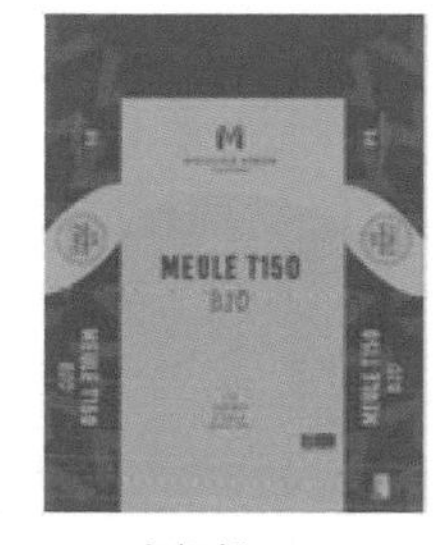

石磨麵粉 T150

蛋白質 11% ｜ 灰份質：≧ 1.5%

全麥粉等級,幾乎百分百地利用了小麥顆粒,保留了麥粒完整營養,麵筋含量最小,口味上略帶焙炒味,用於製作全麥和麥麩麵包

台灣總代理：福市企業有限公司　電話：**(07) 615-2289**
地址：高雄市燕巢區鳳澄路200之12號　傳真：**(07) 615-2298**

Baking 05

極致美味魔法書

蟹老闆的「無雷」
「原創產品」好食譜
甜點教室

國家圖書館出版品預行編目 (CIP) 資料
蟹老闆的「無雷」甜點教室 / 謝岳恩 (蟹老闆) 著 . --
一版 . -- 新北市 : 優品文化事業有限公司 , 2021.06
168 面 ; 19x26 公分 . -- (Baking ; 5)
ISBN 978-986-5481-03-2(平裝)

1. 點心食譜

427.16　　110006386

作　　者　謝岳恩 (蟹老闆)
總 編 輯　薛永年
美術總監　馬慧琪
文字編輯　蔡欣容
攝　　影　王隼人
出 版 者　優品文化事業有限公司
電話：(02)8521-2523
傳真：(02)8521-6206
Email：8521service@gmail.com
(如有任何疑問請聯絡此信箱洽詢)
網站：www.8521book.com.tw
印　　刷　鴻嘉彩藝印刷股份有限公司
業務副總　林啟瑞 0988-558-575
總 經 銷　大和書報圖書股份有限公司
新北市新莊區五工五路 2 號
電話：(02)8990-2588
傳真：(02)2299-7900
網路書店　www.books.com.tw 博客來網路書店
出版日期　2021 年 6 月 一版一刷
2021 年 8 月 一版二刷
定　　價　450 元

上優好書網

LINE
官方帳號

Facebook
粉絲專頁

YouTube
頻道

Printed in Taiwan
本書版權歸優品文化事業有限公司所有 翻印必究
書若有破損缺頁 請寄回本公司更換

（黏貼處）

蟹老闆的「無雷」甜點教室 **讀者回函**

♥ 為了以更好的面貌再次與您相遇，期盼您說出真實的想法，給我們寶貴意見 ♥

姓名：	性別：□男　□女	年齡：　　　歲
聯絡電話：（日）　　　　（夜）		
Email：		
通訊地址：□□□-□□		
學歷：□國中以下　□高中　□專科　□大學　□研究所　□研究所以上		
職稱：□學生　□家庭主婦　□職員　□中高階主管　□經營者　□其他：		

● 購買本書的原因是？

□興趣使然　□工作需求　□排版設計很棒　□主題吸引　□喜歡作者　□喜歡出版社　□活動折扣　□親友推薦　□送禮　□其他：________

● 就食譜叢書來說，您喜歡什麼樣的主題呢？

□中餐烹調　□西餐烹調　□日韓料理　□異國料理　□中式點心　□西式點心　□麵包　□健康飲食　□甜點裝飾技巧　□冰品　□咖啡　□茶　□創業資訊　□其他：________

● 就食譜叢書來說，您比較在意什麼？

□健康趨勢　□好不好吃　□作法簡單　□取材方便　□原理解析　□其他：________

● 會吸引你購買食譜書的原因有？

□作者　□出版社　□實用性高　□口碑推薦　□排版設計精美　□其他：________

● 跟我們說說話吧～想說什麼都可以哦！

□□□-□□

寄件人 地址：

姓名：

廣 告 回 信
免 貼 郵 票
三 重 郵 局 登 記 證
三重廣字第 0751 號

平 信

24253 新北市新莊區化成路 293 巷 32 號

上優文化事業有限公司 收
(優品)

極致美味魔法書

蟹老闆的「無雷」甜點教室

(請沿此虛線對折寄回)

優品文化事業有限公司
電話：(02)8521-2523
傳真：(02)8521-6206
信箱：8521service @ gmail.com

上優好書網　FB 粉絲專頁　YouTube 頻道